地域や漁業と共存共栄する洋上風力発電づくり

Marine Renewable Energy and Fisheries

〜海の恵みに感謝〜

SDI渋谷潜水グループ代表
渋谷正信

KKロングセラーズ

はじめに――地球が喜ぶスーパーSDGsな洋上風力づくり

「洋上風力発電、原発一〇基分」

二〇二〇年一〇月一四日の日本経済新聞朝刊の第一面トップ。

再生エネ「主力電源に」

洋上風力、原発10基分

「よかったなぁ」と思いました。

本文を読み進めると、日本経済新聞のインタビューで、梶山弘志経済産業相が再生エネルギーを、他の電源に比べ上位の主力電源にしていく、洋上風力を全国に整備する。三〇年までに原発一〇基分にあたる一〇〇〇万キロワットの容量を確保する計画だ。と表明したということが書かれていました。再生可能エネルギーを主力電源にすると言うのです。

CO_2削減では太陽光発電や原子力に走ってきた日本でしたが、福島第一原発の事故があり、原発もどうなるかわからない状態でした。

世界の国々も、日本がどのような電力政策をとるか注目していたと思います。一時期原発を止めたことで足りなくなった電力を火力で補おうとしていた日本の姿勢は、地球温暖化を何とかしようという世界の流れに逆らうような行為に見えたことでしょう。

しかし、ここに来て日本は再生可能エネルギーに思い切って舵を取りました。四方を広い海で囲まれている日本が、洋上風力発電に取り組む施策になり、実現に向けて動き出したのです。

エネルギーのためだけでなく、海面下も含めた総合的な共存共栄のデザインを

これから日本の海のあちこちに洋上風車が建てられるでしょう。エネルギーのためだけに風車を建てるのではなく、海面下も含めた総合的な共存共栄のデザインを構築することが大切だと思っています。

海を使うだけでなく洋上風力と海を活かすことで、海の環境や漁業、そして地域や人々の心も豊かになると思うからです。

大切なことは、**洋上風力を立てる海域・地域の実態調査と実証による事実を踏まえた共存共栄の洋上風力デザインを構築すること**です。

そうすることで地球が喜ぶようなスーパーＳＤＧｓな洋上風力ができるはずです。

海への感謝の気持ちを形にしたい

四〇数年間、プロの潜水士として数々の海洋プロジェクトにかかわり、本四架橋や東京湾アクアライン、羽田空港拡張工事などに携わってきました。

そのおかげで家族を養うことができ、会社を運営することもできました。

海との付き合いは、仕事ばかりではありません。人生の中でいろいろなトラブルで深く傷ついた心を癒してくれたのも海でした。いやなことやつらいことがあったとき、海に潜ると、気分が落ち着き癒されたのです。海には癒す力があるとその研究も続けることになりました。

そんな中から野生のイルカと泳ぐという癒しのセミナーを開発することもできました。

「海のおかげで今の自分がいる」そのような父母への感謝の気持ちと同じものを海に対しても持つようになってきたのです。

その海が、この二〇年くらいの間にどんどん荒れてきています。世界中の海に潜ってきて感じたのは、特に日本の海は磯焼けといって「砂漠化」が急速に進んでいることです。

海の底から海藻が消え、貝類も魚たちも少なくなっている光景には心が痛みました。潜るたびに、潜水士として海を破壊してきた自分の足跡が気になり、自分にできることはないだろうか、「海への感謝の気持ちを形にしたい」と思うようになっていました。

オランダやデンマークの海にある何百基もの風車

そんなとき、「ヨーロッパでは洋上風力発電への期待が高まっている」というニュースを耳にしました。環境問題に敏感なヨーロッパで積極的に推進されている洋上風力発電。「洋上風力の建つ海の中はどうなっているのだろう」という思いがフツフツと湧き上がり、ヨーロッパへ行くようになったのです。

オランダやデンマークの海には何百基という風車が立っていました。風車が海の景観を損なうと洋上風力発電を非難する人もいますが、壮観に見えました。

「海に吹く風が電気を起こす」自然エネルギーを活用してCO_2削減に貢献している姿に感動すら覚えたのです。

ヨーロッパでは、危険を伴う原子力発電や二酸化炭素を大量に発生させる火力発電に代わるエネルギー源として、洋上風力発電を具体的に推進させていたのです。

風車のまわりにたくさん集まる魚たち

一方私は、洋上風力発電にもうひとつの可能性を見出していました。日本での洋上風力は海と漁業の再生・活性化になると思ったからです。

以前より、海洋構造物には魚が集まることは知っていました。オランダの洋上風車の下には魚が集まってきていることがわかり、確信を持ちました。

日本で洋上風車をつくるときは漁業を再生・活性化させるような工夫が必要だと思ったのです。日本の海は、温暖化の影響で疲弊している。特に海藻が消失する磯焼け・海の砂漠化が激しいのです。

洋上風力は二酸化炭素を削減し、エネルギーを供給してくれるが、それだけではない。さらに、洋上風力を機に海の環境と漁業の再生ができるのです。

地球の七割を占める海と上手に付き合う方法が見出せれば、地球環境と調和した社会の創出につながる、そのような大きな可能性も感じました。

五島の海で洋上風車から見えてきたもの

洋上風力など海洋エネルギーと漁業との共生を実現するには、具体的な実証データが必要です。私は長崎県や五島市の協力のもと環境省がスタートさせた浮体式洋上風力の実証実験の海に潜ることができました。以前から海の下の構造物こそ、海を豊かにする鍵だと思っていました。

いかにすれば海藻や魚たちが快適に過ごせるか、これまでの知識と経験を総動員して、海面下の実態を調査したのです。

約五年余りの洋上風力と漁業資源環境の実態調査から、様々な漁業共生・協調策の実証につながり、大きな成果を生みました。

海の中が豊かになったこと、漁業者の意識が変わったこと、地域が再生・活性化してきたことなど、数多くありますし、それ以外の可能性も広がってきています。

海の恵みに感謝

地球の温暖化が進み、我々人間社会にも危機感を感じるほど自然環境の変化が起きています。

私は海というフィールドで仕事をし、その糧で生活をしてきました。自分の利益には敏感でしたが糧を生み出すベースとなる海、ひいては自然・地球の損失には無頓着でした。

日本は古くから「海の恵み」という海への畏敬の念があります。この〝海の恵み〟に気付き恵みに感謝するという気持ちを持ちながら仕事をし、日々の生活を過ごすようになると、善い発想が多く出るようになりました。

「海の恵みに感謝する」というキーワードから創出される洋上風力は、「ＳＤＧｓ」のいくつもの目標をカバーする可能性があります。

そのような地球が喜ぶスーパーＳＤＧｓな洋上風力が日本中に、そして世界中にできることを願って、この本を書いてみました。

海の恵みに感謝して

渋谷正信

もくじ

第一章――洋上風力発電との出会い

第二章

海の破壊者、海に感謝する

第三章

洋上風力発電の先進地・ヨーロッパの海

第四章

日本の海の現状

第五章

日本の海でどのような洋上風力発電をつくったらよいか

第六章

漁業や地域と共存共栄する洋上風力発電づくり

第七章

地球が喜ぶ洋上風力発電を目指して

第一章

洋上風力発電との出会い

洋上風力発電はじめ、海洋エネルギーに取り組む理由《わけ》

今、私は洋上風力発電や海洋エネルギー関連のことで日本中を飛び回ることが多くなりました。

あるときは、電力事業主さんから、あるときは自治体の方から、そしてあるときは漁業関係者の方々など、様々な方から相談や調査の依頼がきています。

洋上風力と地域や漁業が良い形で共存共栄してもらいたい、その思いが根底にあり、それを実現させるためにできるだけ依頼や相談に応じるようにしています。

しかし、はじめから洋上風力に関心があったわけではありませんでした。地球環境のことも私には関係がないと思っていました。

そんな私が、どうして洋上風力発電に取り組むことになったのか、経過をお話ししたいと思います。

自分が海を破壊していると意識したのは、今から三〇年以上前、昭和の終わりころでした。環境問題のことを見聞きするたびに、自分の潜水工事という仕事を見直すようになりました。地球の環境をこれ以上悪くしないためにはどうしたらいいか考え、活動をしている方とも知り合いになりました。彼らの話を聞けば聞くほど、自分がやってきたことが恥ずかしくなりました。もう潜水の仕事はやめよう！　そう思ったのは一度や二度ではありません。

自分は海を破壊しているのではないか、という葛藤の日々

しかし、現実には会社の経営者でもあるので、従業員の生活もかかっていたし、わが家の家族も食べさせないといけません。それに当時は年齢的にも、潜水士としてはもっとも脂の乗っていたころで、仕事はいくらでもあったので、なかなか辞める勇気は出ませんでした。毎日が葛藤です。

「どうしたらいいのだろうか？」

潜水士をやって会社を存続させながら、地球の環境のためにいいことはできないのだろうか。

橋や堤防をつくるわけですから、自然を壊さざるを得ません。

自分ではどうすることもできないのです。

仕事を取るか、地球環境を取るか。

地球の環境が悪くなれば、私たち人類も生きていかれないことは頭ではわかっていました。

でも、現実の生活が私の前に立ちはだかりました。

東京アクアラインが教えてくれた――海の中の構造物は海を破壊しているのではない

ジレンマを抱えたまま平成に入り、大きな仕事にかかわることになりました。

神奈川県の川崎から千葉県の木更津まで東京湾を横断する道路（東京湾アクアライン）の水中部の工事を請け負ったのです。平成二年のことでした。

この工事がジレンマを解消するきっかけになりました。最初のうちは、工事をどう正確に効率的に進めていくかに目が向いていました。

しかし、環境問題との葛藤を抱えていましたので、海洋構造物が海の環境にどのような影響を与えるのか、観察してみる気になったのです。

アクアライン・海ほたる

アクアライン・風の塔

出典：NEXCO東日本

アクアライン「風の塔」の水中部に集まっていたたくさんのクロダイやメバル

構造物ができる前の海中の様子から、徐々に構造物が出来上がっていくプロセスでの海の中、さらには出来てからの状態と、ノートに書き留めました。

「風の塔」や「海ほたる」の海中部分を観察すればするほど、海中に構造物をつくることと海の環境とが両立できるのではと思うようになりました。

アクアラインの「風の塔」の水中部は、鋼管のジャケット構造になっています。ここに、たくさんのクロダイ、メバル、タコ、スズキなどが集まっていました。まさに、巨大な人工魚礁になっていたのです。

「海ほたる」の消波ブロックにはワカメやホンダワラなどの海藻がびっしりと着生して藻場を形成していました。海中構造物は決して海にマイナスの影響ばかりを及ぼしているわけではあ

出典：渋谷潜水工業

アイナメ

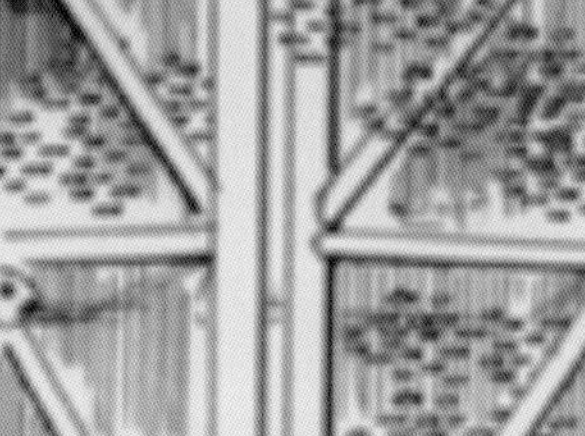

アナゴ

タコ

出典：渋谷潜水工業

イシダイ

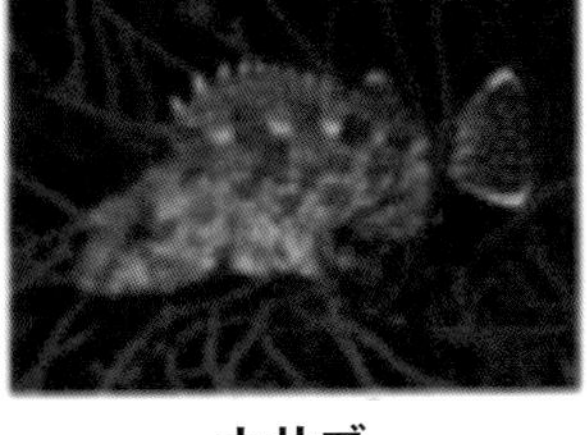

カサゴ

スズキ

メ

東京湾アクアライン・風の塔の水中イメージ

りませんでした。

海の中に構造物をつくれば、海の環境が悪くなって、魚や海藻は寄り付かなくなるのではないかという話をよく耳にします。

ところが実際に水中を観ると、風の塔や海ほたるの海中は魚や海藻の楽園になっていたのです。

印象だけで物事を判断してはいけないとつくづく思いました。海の環境のことを知ろうと思えば、実際に海に潜って、自分の目で見ることが大切でした。長く水中の工事人として海に潜ってきた私にはそれができたのです。

私が見た限り、海中に構造物をつくることは環境を悪くするばかりではありませんでした。破壊行為ばかりをやってきたのではなかったのです。大きな救いでした。

アクアライン・風の塔の建設

アクアライン・風の塔の建設
出典：渋谷潜水工業

私の役割は海の中の構造物と生態系の関係を観察して発信すること

アクアラインのおかげで方向性が決まりました。海の中の構造物と生態系の関係を観察して発信するのが今、私ができる役割だと思ったのです。

最初に発信したのは一九九八年のことです。ある会合でお会いした東京海洋大学の故・糸洲教授に風の塔の観察状況をお伝えしたら、それは大事な観察記録なのでぜひ発表したほうが良いとの助言をいただき、海洋科学に関する国際コンベンション「テクノオーシャン」で、「魚礁化現象に見る海洋構造物の可能性」と題して発表しました。

思いのほか反響があって、自分は大事なことを発信しているのだと少し自信がつきました。以来、海の環境と調和した構造物をつくるにはどうしたら良いのか、というテーマをもって海に潜るようになったのです。

2. 魚礁化現象の事例

2−1 東京湾横断道路・川崎人工島(現在名称:風の塔)の場合

(1) 平成9年12月に開通した東京湾横断道路(以下、東京湾アクアライン)は、平成元年5月に建設工事を開始し、約10年余りの歳月をかけて行われた大型海洋プロジェクトである。総延長は15.1 km、その中に川崎人工島がある。川崎浮島沖、約5kmの海上に直径約200mのジャケット式鋼製護岸を有する構造物式の人工島が川崎人工島である。

私たちは、この川崎人工島建設工事に関する潜水作業に、平成元年の潜水磁気探査、及び平成2年のジャケット式鋼製護岸の設置から人工島の完成時まで携わってきた。我々が人工島水中部に要した潜水作業延日数は約1,000日、プロダイバーの延べ就労人数は約3,400人である。約10年余りの間、プロダイバー等はこの川崎人工島周辺の海中・海底の移り変わりを見続けてきたことになる。

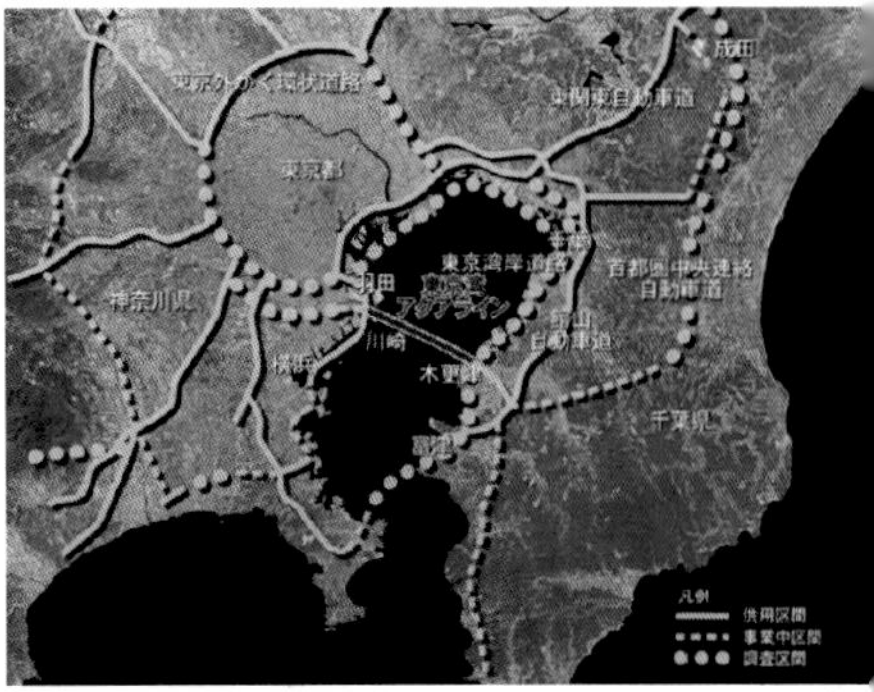

Fig 1 LOCATION OF TRANS TOKYO BAY HIGHWAY

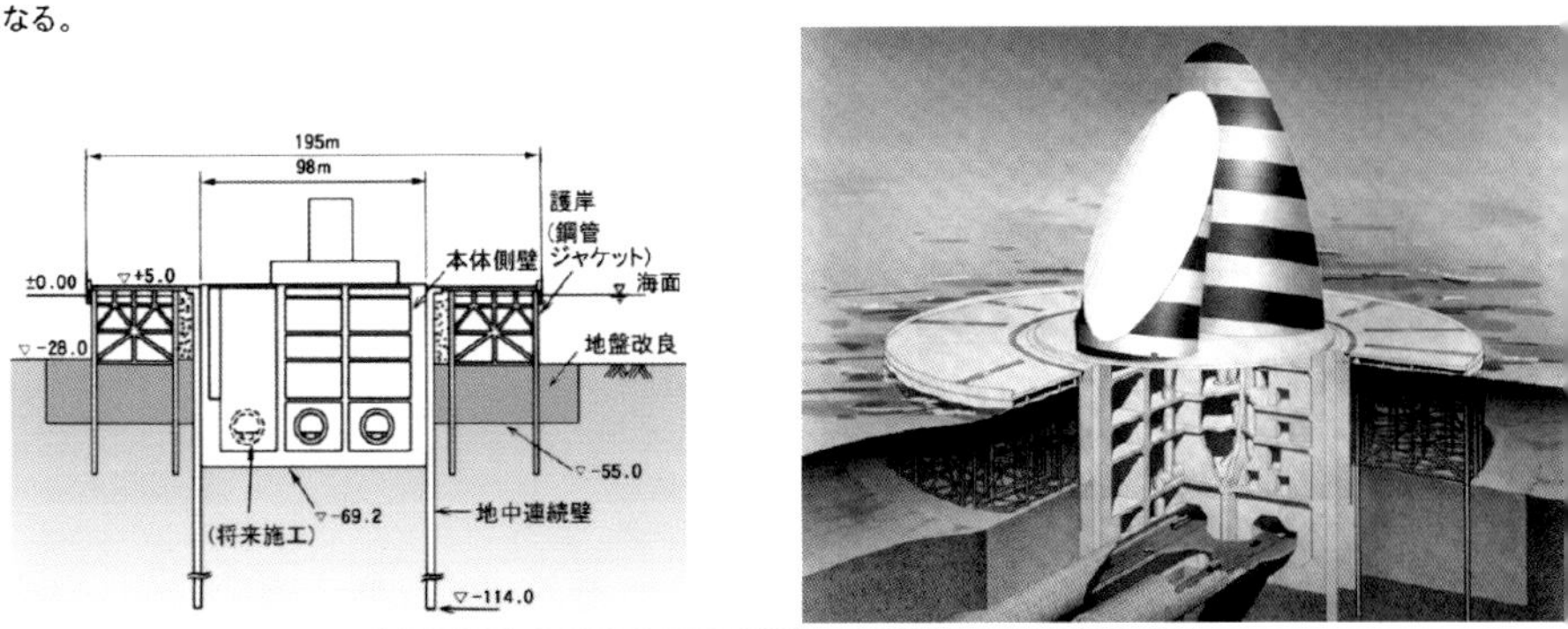

Fig 2 STRUCTURE OF KAWASAKI MAN MADE ISLAND

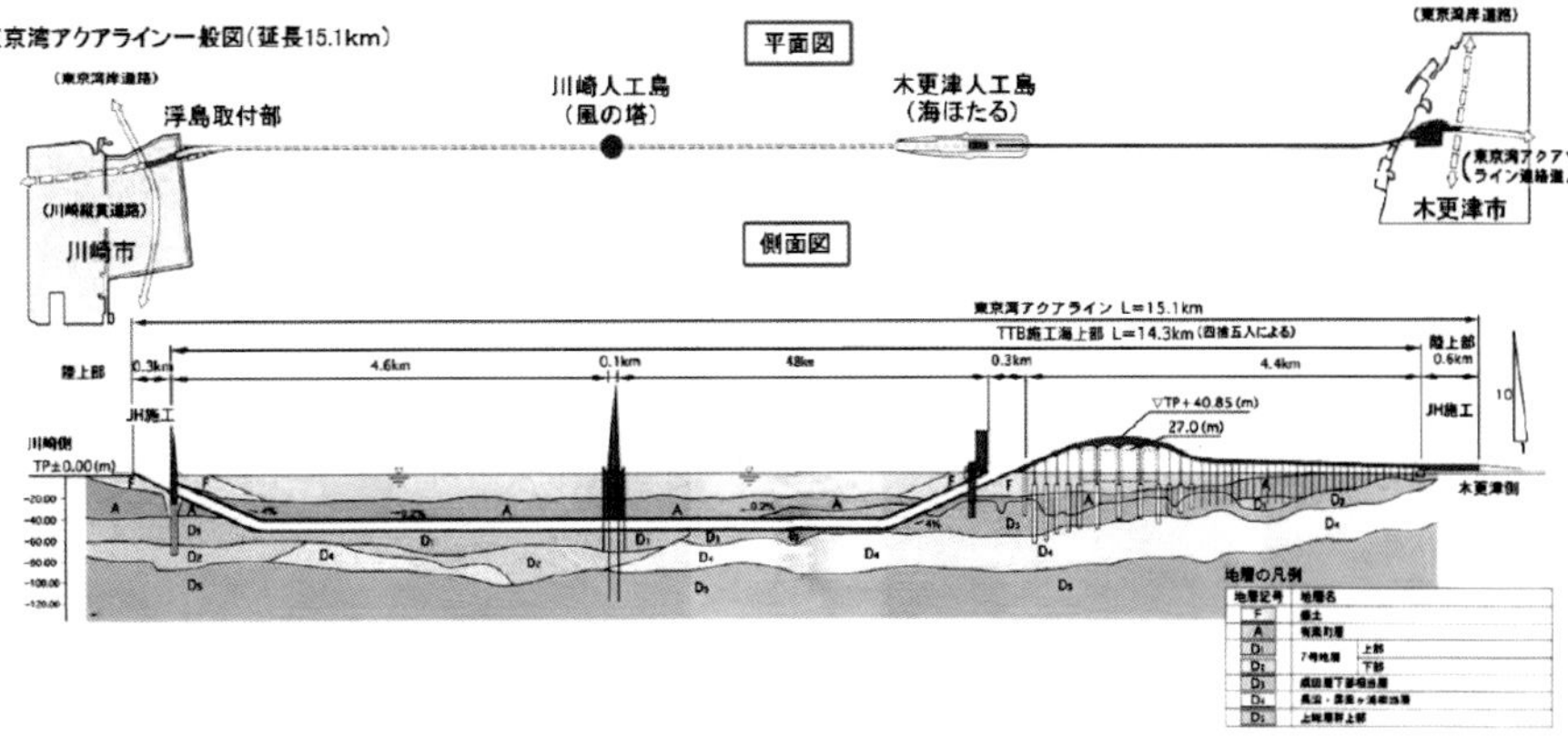

Fig 3 LOCATION OF KAWASAKI MAN MADE ISLAND

「テクノオーシャン'98 第7回国際シンポジウム」に発表した要旨です。

海に潜ることが、これまで以上に楽しみになりました。

潜水中も、海を見る目ががらりと違ってきました。海にかかる負荷は最低限にし、海の環境にプラスの効果が出る構造物をつくりたいという思いがあり、そのような目で防波堤、桟橋、水中の橋脚、埋立地、港湾、海中のパイプライン、海底ケーブル、沈船などを観察するようになったのです。

そういう意識で海を見ていると、今の海はさまざまな問題を抱えていることがわかってきました。そのひとつが海藻の消失による海の砂漠化でした。

藻場がどんどん消失し砂漠化している日本の海

水深一〇数mほどの浅い海に、コンブやホンダワラといった大型の海藻が繁茂している場所があります。それを藻場と呼んでいますが、二〇〇二年（平成一四年）ごろから、藻場の調査にかかわるようになりました。

豊かに繁っていた海藻・アラメ

海藻が消失して磯焼け状態

日本各地の海に潜るたびに海藻の状況や藻場がどうであるかを見るようになると、どんどん海藻がなくなり、藻場が消失していることが見えてきました。

海の中の砂漠化、磯焼けと言われる状態です。磯焼けの海中では魚や貝類が激減しています。

藻場の消失にはいくつかの原因があります。大きくは地球温暖化です。

海水温が上がることで海藻が育ちにくくなります。日本の沿岸は南から黒潮が流れていることもあって、強く温暖化の影響を受けているようです。

また森林の伐採や川の上流の開発によって、川から鉄分が流れ込まなくなっていることもあげられます。鉄分は海藻にとって重要なミネラル分と言われています。

次の原因がウニや草食魚類による食害です。それは温暖化と連動しています。

藻場がなくなれば、魚たちは集まってきません。漁業者の方にとっては死活問題です。

海の砂漠化は年々深刻になっています。海水温が上昇し、南方系の魚が日本を北上していますが、同時に磯焼けも北上しています。

日本各地で磯焼けの回復を試みています。部分的には藻場が回復したところもありますが、ここまでひどくなると、有志だけで藻場回復を行っても焼け石に水状態です。

国や県、漁協、漁業者の方々、それに海の中の専門家が一体となって総合的に継続的に対処

海藻の森　カジメの群落

する必要があると思っています。

海藻は海の生物の基礎生産の場であるので、なんとかしなければと考え続けていました。

目が離せなくなった、アメリカの展示会で見た洋上風車の写真

そんなときに、アクアラインのことを思い出しました。風の塔、海ほたるの海中部分は海藻もあるし魚もたくさんいる楽園になっていました。

海洋構造物をつくるときに、海の生態系や海藻資源が豊かになる工夫ができればよいのだがと思っていたとき、アメリカの海洋の展示会で洋上風車の写真を見たのです。

展示会で何気なく手に取った雑誌、そこに洋上風車の写真がありました。風力発電にはまったく関心がなかったのですが、なぜかその写真から目が離せませんでした。

普通の人なら、海上に凛々しく立ち並んでいる風車に目を奪われるのでしょうが、私の意識は写真には写っていない海の中に向かっていました。

「どんな基礎構造物で支えられているのだろうか?」

「海の中の環境はどうなっているのだろうか?」

洋上風車のことが頭から離れなくなってしまいました。自分は海の破壊者であるという深い反省から、アクアラインの工事で海洋構造物の可能性を見出すことができました。

これで海への恩返しができると思っていましたが、現実に海の環境に良い構造物をそうそうつくることができないというジレンマもありました。

一方、日本中の海の中を潜ってみたら、海藻が消えてなくなる磯焼けの海が広がり、海の環境も漁業環境も悪くなっていることも知りました。


そういう中で何かいい方法はないかと模索していたときに出会ったのが洋上風車でした。洋上風車が世界中の海に建てられる流れにあるとしたら、海の中の構造・デザインを工夫すれば洋上風車の建つ海を豊かにすることができるのではないか、そう思ったのです。エネルギー問題と同時に、海の環境問題、さらには、日本の漁業問題も解決できるはずだ。そのためにも、洋上風車の下をこの目で見てみたい。居ても立ってもいられなくなりました。洋上風力発電の情報を集め、世界中で最も進んでいるヨーロッパへ行くことにしたのです。

［コラム］

01

地球温暖化と海の環境

地球温暖化は陸上のみならず、海の環境にも大きな影響を与えています。日本近海の海面での水温は、一〇〇年間で〇・七〜一・七℃も上昇しているという報告があります。世界全体で見ると約〇・五℃の上昇ですから、日本近海の上昇率は非常に高いと考えてもいいでしょう。

海洋は大気に比べると温度変化が少ないとされています。にもかかわらず、陸上と同じような上昇率を示しているのですから緊急事態だと言えます。

私も日本全国の海に潜って、沖縄のサンゴが高知の海で広がっていることを確認しています。海の環境が大きく変わっているのです。その分、日本の水産業も影響を受けざるを得ません。

日本近海の水温上昇率が高い理由のひとつに、黒潮の流れの変化があげられます。黒潮は東シナ海を北上して日本列島の南岸に沿って流れています。暖流と呼ばれるように、温かな水を運んできます。日本近海では幅が一〇〇キロにも及ぶ、世界最大級の海流です。千島列島から南下して来る親潮とのバランスによって、日本の近海はとても豊かな漁場となっています。

ところが温暖化によって、黒潮の流れが変わってきました。偏西風や貿易風といった地球を取り巻く風の流れが温暖化の影響で速くなり、黒潮の流速も一・二倍から一・三倍に速まっているのです。温かい海水がたくさん流れ込んで来ることになりますから、日本近海の海面温度は高くなってしまいます。

魚たちにとっては棲むのに快適な温度がありますから、水温上昇によって漁業への影響は免れません。漁場がどんどん北上していくのです。親潮とのバランスが崩れ、魚たちにとって棲みにくい環境になっているのです。

さらに深刻な問題が藻場の消失です。海温が上昇すれば海藻の成長が抑制され、南方系の魚やウニが増えて海藻を食べてしまいます。海の栄養状態にも悪影響を及ぼします。温暖化によって海の環境がどんどん悪くなってしまいます。日本の漁業にも深刻な影響を与えています。早急に対策を考えないといけません。

温暖化を止めることがもっとも大切ですが、温暖化の原因である炭酸ガスの排出を規制しても、上がった海水温は簡単には下がりません。

小さなことのようですが、海の下に海藻や魚が増える場所を作ってやることもそのひとつです。これからたくさんの洋上風車が立つ、その下を海藻や魚の楽園にする小さな成功体験は大きな一歩になります。

第二章

海の破壊者、海に感謝する

潜水士として四〇年以上海に潜ってきた

私はプロの潜水士です。四〇年以上、海に潜って作業をしてきました。

東京湾アクアラインには、「海ほたる」とか「風の塔」という人工島があります。「東京湾に浮かぶ海ほたる」という言い方がされますが、浮かんでいるわけではありません。海面下にはしっかりした水中の土台があって、海の上の建物を支えています。

レインボーブリッジも、きれいな外観が評判ですが、海の下にしっかりとした支えがあるから、あの美観なのです。海面下の基礎構造物をつくるのが潜水士の仕事です。

海に潜って、海の状態を調査し、重機を使って海底を均《なら》し、杭を打ち込み、型枠を組んでセメントを流し込み、杭と橋を溶接でつなぎます。海の中のガテン職です。

ほかにも、港をつくるときの水中部分の作業、防波堤や波よけをつくる工事、大きな船が着く岸壁をつくる仕事など、海、川、湖、ダムと、水の中の仕事であれば大抵のことは引き受けてきました。

下水処理場の改造の仕事をすることもあります。糞尿まみれの水の中で仕事をすることになります。潜水士になった最初の頃は「こんなことをするためにダイバーになったのではない」と、とてもみじめな気持ちになったこともありました。しかし、家族を養うためだ、と自分に言い聞かせながら潜っていました。

災害現場での救助活動や遺体の引き揚げも潜水士の仕事です。阪神大震災のときには港の復興事業のお手伝いをし、東日本大震災では被災地の海に潜りました。

磁気探査機で海底を調査し、不発弾を回収したこともあります。

海の中という目に見えないところでの作業なので、どんなことが起こるか予想がつきません。常に危険と隣り合わせです。仲間の潜水士が事故で亡くなるのを目の当たりにしたことは何度もあります。事故に巻き込まれそうになったこともありました。

それでも長年続けてこられたのは、海が好きだったからです。苦労はあったものの、海に潜っているときの私は生き生きしていたと思います。

水深が浅かった工事でしたが、朝の五時くらいに潜って、作業を終えて水中から上がったら夕方の五時だったということもありました。時間がたつのを忘れて仕事に集中していたのだと思います。

体力も気力も充実していた三〇代、夢中になって働き、潜水士として一流になろうと熱いときでした。


その分、まわりの人たちには厳しい態度で接していました。潜水士の仕事では、油断していると身に危険が及びますし、部下にも自分と同じだけの仕事ぶりを要求していましたので、短気で頑固で、気に入らないことがあれば怒鳴り散らすという有様でした。

「俺についてこい！」とばかりに、人のことなど構わず突っ走っていたのです。

そんな社長ですから、社員も参ってしまいます。夜逃げをするように、社員が次の日から来なくなることもたびたびありました。それでも「辞める奴は根性なしだ」と強がっていました。

仕事が終わり自宅に帰っても厳しさは止まりませんでした。家でも妻や子どもに、自分の厳しさを押し付けていたのです。

「俺がこんなにがんばっているのだから、お前たちは俺の言うことを聞いていればいい」という態度ですから、家族との間の溝がどんどん大きくなっていきました。

そうやって周囲に不愉快な思いをさせてばかりだった私でしたが、自分自身を見直す機会がやってきたのです。

弟の死、部下の裏切りから人生が大転換

「えっ」

絶句しました。受話器をもったまま床にへたり込みました。弟が自殺したという知らせでした。一週間前、弟から悩んでいることを電話で打ち明けられていました。

当時、私は三〇代半ば。会社を設立して五～六年たったころです。自分のことで精いっぱい。弟の悩みに真剣に耳を貸すことができませんでした。

「強く生きていかなきゃ」と突き放すようなことを言って電話を切りました。もっと親身になって相談に乗ってやれば良かったという悔いは、いまだに残っています。

弟の死から私は、罪悪感にさいなまれ、仕事をする気も失せ、しばらくは夢遊病者のように過ごしていました。

どうにか立ち直って仕事をはじめたころ、次の災難が降りかかりました。

韓国のテレビ局から、川に沈んでいる釣り鐘を探してほしいというオファーがありました。二カ月ほど韓国に滞在して毎日のように川に潜って釣り鐘を探しました。

今から四〇〇年以上前、豊臣秀吉の軍勢が朝鮮に出兵しました。そのときに、戦利品として巨大な釣り鐘を日本へ持ち帰ろうと船に積み込んだのはいいのですが、嵐がきて船もろとも川に沈んでしまったと言うのです。

地元では、嵐や洪水があると、川の中から釣り鐘の音がするという伝説が、まことしやかに語られていました。

私がオファーを受けたのは、その伝説をもとに本当に釣り鐘が川の底に沈んでいるのかを検証しようというテレビ番組でした。

結局、釣り鐘を見つけることはできませんでした。

撮影が終わったとき、ディレクターが一枚の名刺をくれました。日本へ帰ったら、この人に会ってみるといいと言うのです。

名刺には「原瞑想研修所　原久子」と書かれていました。「瞑想研修所？　胡散くさいな」というのが私のそのときの感想でした。

しかし、この一枚の名刺が私の人生を大きく変えてくれたのですから、縁というのは不思議なものです。

二カ月ぶりに韓国から帰国すると、会社がとんでもないことになっていたのです。自分の右腕のような存在で、全幅の信頼を寄せていた部下が、大半の社員を引き連れて新しい会社を立ち上げていたのです。

私がコツコツと関係を築いてきた取引先も、すべて奪いとられてしまいました。もぬけの殻となった事務所を見て、私は愕然としました。怒りがこみ上げてくると同時に、自分の情けなさに頭を抱えました。

「おしまいだ」

弟のことでダメージを受け、やっと立ち上がったと思ったら、この有り様です。頭の中ではネガティブなことばかりがぐるぐる回ります。

「飼い犬にかまれたバカな社長」

「偉そうなことばかり言っていたが、会社を乗っ取られて……」

まわりの人から悪口を言われているような気がして、外にも出られません。

人が信じられなくなっていたし、人と会うのが怖くて、しばらくは自宅に引きこもっていました。


そんなとき、机の上に投げ捨てるように置いてあった、例の名刺が目に飛び込んできました。

「原瞑想研修所　原久子」

なぜかそのときは「会ってみたい」という思いが急にこみ上げてきたのです。

電話をすると、電話の向こうから原先生の明るくてやさしい声が返ってきました。会ってくれると言われ、すぐにご自宅を訪ねました。

その出会いは真っ暗闇の中に差し込んだ一条の光に思えました。

そのときの原先生の話の中で印象に残ったのが「心の持ち方の大切さ」ということでした。

「内観」で両親への感謝が湧き上がる

原先生との出会いがきっかけで、私は「心」について書かれた本を読むようになり、原先生のヨガ研修所にも通いはじめました。目にするもの、聞く話、体験すること、すべて新鮮でした。

それまでの私は、強く厳しく人に負けてはいけないという信念で生きてきたためか、ヨガのような、なよっとしたものは女性がやるものだと受け付けませんでした。

しかし、いざやってみると心も体もしなやかに穏やかになり、気分が良くなるという体験をしたのです。

また、自分の内側を見つめるという「内観」も体験しました。今思い返すと、弟の自殺や部下の裏切りで精神が弱っていたようでした。

わらをもすがる気持ちで内観に取り組んだと思います。

内観をする際、三つのテーマが与えられました。

- お世話になったこと
- お返ししたこと
- 迷惑をかけたこと

生まれたときから現在まで、この三つを手掛かりにしながら、父や母について丹念に記憶の中から「事実」を調べていくものでした。

両親に世話になったことと言っても、最初はなかなか思い出せないし、思い出しても「ご飯をつくってくれた」とか「洗濯をしてくれた」といった表面的なものばかりです。

しかし、心を穏やかに静かにしてテーマに取り組んでいるうち、深い記憶にもアクセスできるようになり、すっかり忘れていたことまで思い出しました。

私は北海道の生まれです。中学生のころ、父が勤めていた炭鉱が閉山になりました。母は生活費を稼ぐために細々と養豚をはじめました。豚のエサを買うお金を節約するため、母はリヤカーを引いて近所を回り、生ごみをもらって豚のエサに当てていました。

私は、リヤカーを引いて生ごみを集めている母のことを恥ずかしく思っていました。母だってそんなことはやりたくなかったでしょう。でも、生活のため、子どもたちを育てるために、がんばっていたのです。

そんな母の姿がよみがえってきました。汚れた服を着て、汗をふきながらリヤカーを引いていました。家に帰ったときは疲労困憊だったと思います。それでも、家族のためにご飯の準備や洗濯、お風呂を沸かしてくれました。

遅くまで後片付けをし、朝は早くに起きて弁当を作ってくれました。そして、休む間もなく生ごみ集めに出かけて行ったのです。

「ああ、こんなにまでして育ててくれたんだ」「それなのに恥ずかしいからやめてほしいと思っていた」「恥ずかしいのは私だ」と涙があふれてきました。

両親にさんざん世話になり迷惑をかけたのに、何のお返しもしていないじゃないか。涙で顔をぐしょぐしょにしながら、私は心の中で「お父さん、ありがとう」「お母さん、ありがとう」と繰り返していました。

両親には感謝しているつもりでした。仕送りもしていましたから、十分にお返しもしているつもりでした。しかし、私の「つもり」が何と浅はかなものだったのか、内観をやってはっきりとわかりました。

心の底から湧き上がってくる本当の意味での「感謝の心」。大げさのように聞こえるかもしれませんが、内観のあと一週間ほどは、父や母のことを思うと自然に涙があふれてきました。こんな喜びや感激もあるのだと、はじめて知りました。

内観から帰って、自分でも驚くくらい気持ちがすっきりと整理され、心がとても軽くなりました。仕事仲間や関係者、家族は別人のようになった私を見て面食らったと思います。ごう慢で自分勝手で怒りっぽかった私が、まわりの人たちに笑顔で「ありがとう」と言い始めたのですから。

私が変わったことで、家族間でギスギスすることもなくなり、家の居心地がとても良くなりました。

仕事でも、いいアイデアが次々と出てきました。苦手意識があったお客さんとも、垣根なく話ができるようになりました。

あらゆることがどんどんいい方向に回りはじめました。

感謝の心をもてば自分を取り巻く環境が急速に良くなっていくことを、身をもって体験させてもらいました。

そして海への感謝、すべては海のおかげだった

両親やまわりの人たちへの感謝ができるようになると、海への態度も大きく変わりました。私の人生にとって海はなくてはならない存在だと認識するようになったのです。「海の恵み」という言葉があります。それまでの私にとって、海の恵みは自分の利益だけでした。いかに手際良く仕事をこなし、儲けるかしか考えていませんでした。

しかし、内観を受けたことで、海に入っているときの気持ちに変化が出てきたのです。海に深く潜ったとき、いきなり浮上すると、水圧の急な変化によって潜水病になる危険があります。関節や筋肉が痛んだり、呼吸ができなくなったり、運動麻痺、知覚障害が起きたりして、ひどい場合には命を落とすこともあります。

潜水病にならないために、潜水士は海底で仕事を終えたら、浮上の途中でロープにぶら下が

り規程の時間、海中に留まります。普通は三〇分から六〇分。長いときで二時間ほどを、深さ三〜六メートルほどのところで過ごさないといけないのです。

私はこの時間が退屈で仕方ありませんでした。何もせずにじっとしていることがもったいなかったのです。

ところが、内観やヨガをはじめてから感覚が違ってきました。いつものように、海中でロープにぶら下がると、以前ならイライラしていたのですが、体の力がすーっと抜けていくことに気が付くようになったのです。

まるで海中に漂う海藻のように水の流れに身を任せると、気持ちがいいのです。イライラもないし、早く上がりたいとも思いませんでした。

まわりを見回すと太陽の光が差し込んでキラキラ輝いています。何ときれいなこと。神々しさすら感じました。一〇年以上も海に潜っていて、そんなことは思ったこともありませんでした。

仕事と収入といった物質的な面ばかりに目が向いているときは、海の持つ多くの情報を受け取れないのだと気付かされました。

私は、海に対して内観をしてみました。海にお世話になったことは？　海に迷惑をかけたことは？　海にどんなお返しをした？

二〇歳を過ぎたころにはじめて海に潜って、ダイビングに夢中になりました。会社を退職して潜水学校へ行き、潜水士の資格をとって、海を仕事場にすることになりました。だれよりもいい仕事をしようと潜水や水中工事の腕を磨き、会社を設立し、やりがいのある仕事をたくさんすることができました。収入も得て、家族を養うこともできました。

充実の二〇代、三〇代でした。

内観してみると、海に潜る魅力を教えてくれたのは海でした。人生で、夢中に取り組める潜水ができるのは海での仕事があるからでした。家族を養い、会社を運営できる収入はやはり海での仕事があるからでした。

当り前のことのようでしたが、海にお世話になったという視点から見ると「海のおかげ」という感謝の気持ちが湧いてきたのです。

海に迷惑をかけてきたことは何か

次に、海に迷惑をかけたことは何か。お世話になった海に、私はどんなことをしてきたのか？　思い返してみました。

たとえば、高度成長のころ、伊豆七島に大きな港をつくるというプロジェクトがありました。港をつくるために海岸の磯を壊す必要があります。今ではほとんど使いませんが、ダイナマイトで磯を爆破することもありました。

潜水士は水中に潜って岩の形を調べて、どこにどれくらいの量のダイナマイトを使えば効率的に吹き飛ばせるかを決めます。

磯を爆破させるのです。潜水士の判断が適切であれば、見事に磯が破壊され、その後の作業がとてもスムーズに進みます。潜水士の腕の見せ所でした。

爆破した磯には、死んだり気絶した魚が浮かび上がってきます。その魚を集めてきて夕食のおかずにします。環境のことをうるさく言う時代ではありませんでしたので、そんな乱暴なことがまかり通っていたのです。

私は、その先頭に立って磯を壊していました。海にとってはどれほどの迷惑だったことか。その後、環境問題に興味をもち、真剣に地球環境のことを考えて活動している人たちと知り合いになり、地球がどんなに傷ついているか、知識や情報が増えれば増えるほど、唖然となりました。

これまで一所懸命にやってきた潜水作業が、海にとってはとんでもない迷惑行為だったのです。

一方、迷惑をかけたことが明確になると意識の転換のようなことが起こり、「これからは海に恩返しをしないといけない。何が自分にできるのだろう？」と強く思うようになったのです。

海の中の構造物のまわりに、こんなに魚が集まってきている！

そんなとき、東京湾アクアラインの仕事がスタートしました。

「また、環境破壊をしないといけないのか」と心が痛みましたが「この道で食べていくしかない」と自分に言い聞かせて工事を進めました。

ところが、この迷いながらやった仕事が大きな転機になりました。

「風の塔」という人工島の工事のとき、海面下で人工島を支える構造物を設置しました。たくさんの鋼管を組み付けたジャケットタイプのものでした。

翌日、その設置したジャケット構造物がどんな状況になっているか見るため、海に潜ったところ、思わぬ光景を目にしたのです。

海に潜って構造物のまわりをチェックすると、杭のまわりにクロダイがたくさん集まっているのに気づきました。どういうことだろう？

海から上がって冷静になって考えると、これまでも海の下の構造物のまわりにたくさんの魚が集まっていたことを思い出しました。

海中の構造物は、必ずしもすべて環境を悪くしているのではないかもしれないという思いが湧いてきました。

海に恩返しできるとしたら

確かに、海中に人工物を入れるのは環境破壊につながります。しかし、魚が集まってきている事実にも目を向ける必要があると思ったのです。私は破壊ばかりをやっているのではなかったのです。

ただ、これまで通りのやり方を続けていては、破壊者から脱することはできないこともわかりました。

私の仕事は海の中に人工物をつくることです。これまでは強度と精度を出し海面の上の建物を支えられたら満足でしたが、これからは自然と調和して、魚や海藻など海の生き物が喜ぶような人工物を設置することが大切になると思いました。

と言っても、自然と調和する人工物とはどういうものか、だれも教えてくれません。自分で見つけ出すしかありません。長い時間、海に潜ってきた経験を活かして新たな気持ちで海を観察しようと決めたのです。

日本中の海に潜って海の中がどうなっているのか実態を調査

これまで培った潜水や工事の技術を、破壊ではなく保護・再生に役立てることができるはずだと、少しずつ自信を取り戻していました。

あちこちの海に潜ってきましたが、海の中は場所によってまったく様子が違います。水温が高いところもあれば低いところもあります。潮の流れも速かったり穏やかだったり。生息しているる魚や海藻も違います。

「海の中がどうなっているのか」まずは調査です。これからはできるだけ多くの海に潜って現状を調べる必要があると思いました。

そして、これまでとは視点も変えないといけない、破壊者の目ではなく保護者の目で見ることが大切だと思ったのです。

できるだけたくさんの海に潜って調査をしよう。そう決めてから八年間、五〇カ所以上の海に潜りました。一回や二回潜っても海の状態がわかるわけではありません。季節によって様子は変わります。一年たてばまったく違う海になっていることもあります。同じ海に何度も潜り、調査をし、記録を残しました。

莫大な量のデータになりました。事務所の一室はそのときのデータがぎっしりと詰まっています。

温暖化の影響は確実に出ていることがわかってきました。日本近海には黒潮（暖流）と親潮（寒流）という大きな海流があり、この二つの海流がぶつかることで、日本のまわりは良い漁場になっていました。

ところが温暖化で黒潮がどんどん北へ上がって来ているのです。親潮の勢力が抑えられて、水温も高くなっています。黒潮と親潮のバランスが崩れてしまい、そのため海の中の生態系が変わってきています。


たとえばサンゴといえば沖縄を思い出す人が多いでしょうが、今は四国や本州の海にもサンゴが北上しています。獲れる魚の種類も違ってきたのです。海藻の海に棲む魚とサンゴの海に棲む魚は種類が違いますから、漁業者の方も戸惑っています。

実際に潜ってみて、温暖化の影響を肌で感じました。

あまりにも大きなテーマですから、何から手をつければいいかわからないと思ったのですが、今、出来ることをやり続けるしかないと、日本の海を潜り続けたのです。

地球のピンチを救えるかもしれない洋上風力発電

海の環境は、経済やエネルギー問題まで考えながら進めないと、解決できないことがわかってきました。巨大なテーマです。

どうしたらいいだろうか?

そんなとき、出会ったのが、洋上風力発電なのです。

洋上風力発電の進め方次第では、環境、経済、エネルギーが一気に良い方向に動き出す可能性がある。いや、それ以上の伸びしろがあると思いました。

その洋上風力の可能性を確かめ、実現したいと、洋上風力発電の先進地域であるヨーロッパを回りはじめたのです。

専門家に話を聞き、ヨーロッパの海にも潜りました。

日本でも長崎の五島にできた洋上風力発電で、地域や漁業の共生・協調策づくりの調査、研究を続けてきました。

少し大げさに聞こえるかもしれませんが、地球と共存共栄できるような洋上風力発電や海洋エネルギーは海のピンチ、人類のピンチ、地球のピンチを救うことのできるチャンスになるかもしれません。

いずれにしても、チャンスに変えるチャレンジが必要だと思っています。

第三章

洋上風力発電の先進地・ヨーロッパの海

三〇年も前に洋上風力発電を始めたデンマークの先見性

洋上風力発電がもっとも盛んなのはヨーロッパです。

世界初の洋上風力発電ができたのはデンマークのロラン島の沖合です。一九九一年ですから、今から三〇年も前のことです。陸上の風車もまだ普及していない時期ですから、デンマークの先見性には頭が下がります。当時は、一一台の風車が海の上に並びました。二〇〇二年には風車八〇台の大規模洋上風力発電を完成させました。

デンマークが先陣を切り、そのあとイギリスやドイツなどが追随しました。単位時間当たりの最大発電量（設備容量）から見ると、今では全世界の七五パーセント以上をヨーロッパが占めています。

一位がイギリス、二位がドイツ、三位の中国をはさんで、デンマーク、ベルギー、オランダと続きます。今も、ヨーロッパでは大きなプロジェクトが進行中で、今後のエネルギー戦略の

ヨーロッパの洋上風力施設群
出典：bbc.com

ヨーロッパの洋上風力施設群
出典：OFFSHORE　Wind Energy

中核となっています。

ちなみに、二〇二〇年の段階でもっとも巨大な風力発電はイギリスにあって、ひとつの海域に一七四基の風車が建てられ、標準的な原発一基分の設備容量があります。ヨーロッパでは次々と大規模な洋上風力発電の施設がつくられ、これからのエネルギー戦略の行方がはっきりと見て取れるほどになっています。

私にはヨーロッパの海は宝庫のように感じました。たくさんの洋上風車が建っているということは、当然のことながら、それを支えるための水中構造物が海の中につくられています。構造物のまわりはどうなっているのだろうか？　魚たちは集まってきているのだろうか？　気になって仕方ありませんでした。

一〇年前からヨーロッパの洋上風力発電を見て回る

一〇年ほど前になりますが、ヨーロッパへ足を運ぶようになりました。デンマーク、ノル

ヨーロッパ視察

ヨーロッパ視察

ウェー、スウェーデン、ドイツ、オランダ、フランス、イギリス、スコットランド、スペイン、アメリカと、海洋エネルギーの先進国を見て回ったのです。

あの時期、何度もヨーロッパへ行っていたことが、知識や経験を深め、今、こうやって洋上風力発電が日本でも脚光を浴びはじめた中で役に立っているようです。あちらこちらから声をかけていただく伏線になっていたのだと思うと、巡り合わせの不思議さを感じます。

最初にヨーロッパへ行ったのは東日本大震災（二〇一一年）よりも少し前でした。震災を挟んで、ヨーロッパでは洋上風力発電がものすごく進んだ印象がありました。

福島第一原発の事故に大きなショックを受けたヨーロッパの人たちは、原発に見切りをつけて洋上風力発電に舵を切ったのだと思います。

ヨーロッパの視察に行ったときによく問われたのは、「日本は何を考えているんだ」ということでした。震災で事故を起こしたにもかかわらず、まだ原発を再稼働させようとしている。日本の状況は、彼らには信じられないようでした。

原発に見切りをつけて洋上風力発電に舵を切ったヨーロッパ

その当時の日本での代替エネルギーの柱は太陽光発電でしたが、ヨーロッパの人々の「狭い日本の国土でどれほどのエネルギーが作れるのだ」と、冷ややかな声をよく聞きました。日本は四方を海に囲まれていて、風資源も豊富にあります。にもかかわらず、そこに力を入れようとしない日本に、彼らなりの疑問を感じていたのかもしれません。

私はヨーロッパを回って、これからのエネルギー政策は洋上風力発電が中心になるという予感を持ちはじめていました。

そしてもし日本で大々的に洋上風力発電をやるようになったら、どのような視点を大事にすすめていったら良いのかも意識するようになりました。

海の中の環境はどうなっているのだろう

ヨーロッパで目にする、海の上に整然と並ぶ風車群はとてもきれいでした。日本の海もこんなふうになるのだろうかとまぶしく感じました。

しかし、私の本当の思いは海の中にありました。

「海の中の環境はどうなっているのだろう？」

アクアラインの風の塔や海ほたるの海面下のように、魚や海藻の楽園になっているかもしれないと思うと胸が高鳴りました。

しかし、ヨーロッパの洋上風力の関係者に水中の生態系や漁業の話をすると、海面下の環境や漁業資源のことには興味が少ないようでした。

風車はエネルギーをつくるもので、海の中はどうなっているかという質問ばかりする人間は少なかったのかもしれません。

ヨーロッパの洋上風力展視察

最初は怪訝そうな顔をしていましたが、私があまりにも真剣なので、少しずつ興味を持ってくれて、何かいい情報があれば教えてくれるようになりました。

そんな中で出会ったのがオランダにあるイマーレス研究所のリンデブーム博士でした。博士は、洋上風力発電と海の環境についての研究をしていました。私の知りたかった情報を博士たちはもっているかもしれないと、オランダの北にある研究所を訪ねてみました。

博士たちの調査資料を見て、私は小躍りしました。私が期待した通り、洋上風力発電のある海はとても豊かになっていたのです。

オランダ・イマーレス研究所が教えてくれた「海はとても豊かになっている」

リンデブーム博士の調査の結果は次の通りでした。

洋上風力発電の風車が建っている海域では、確実に魚介類が増えていました。私がアクアラインの海中で体験したのと同じことが起こっているのです。

海鳥も増えていました。魚が増えれば、当然のことながら、それを餌とする海鳥も集まってきます。

渡り鳥が減っているという指摘もあったようです。しかし、風車ができたから減ったということではなく、風車を避けたコースを飛ぶようになったとの説明でした。

渡り鳥が風車にぶつかるのではと言う人もいるようですが、よく高層ビルに鳥が激突して死んでしまうことはあっても、あれは透明なガラスにぶつかるのであって、風車なら飛行機のプロペラのように高速で回らないので、バードストライクも今のところ見られないということでした。

アザラシなどの哺乳類は工事のときは減りましたが、工事が終わると戻ってきたということです。

この結果を見て、洋上風力発電は日本でも使えると思いました。

少なくとも生き物たちの生活の場を大きく乱すことはありません。それどころか、彼らが棲みやすい環境となっています。

このオランダのプラスの状況を日本流にアレンジして、洋上風力発電と海との共存共栄が可

オランダ　イマーレス研究所の洋上風力調査資料（1）

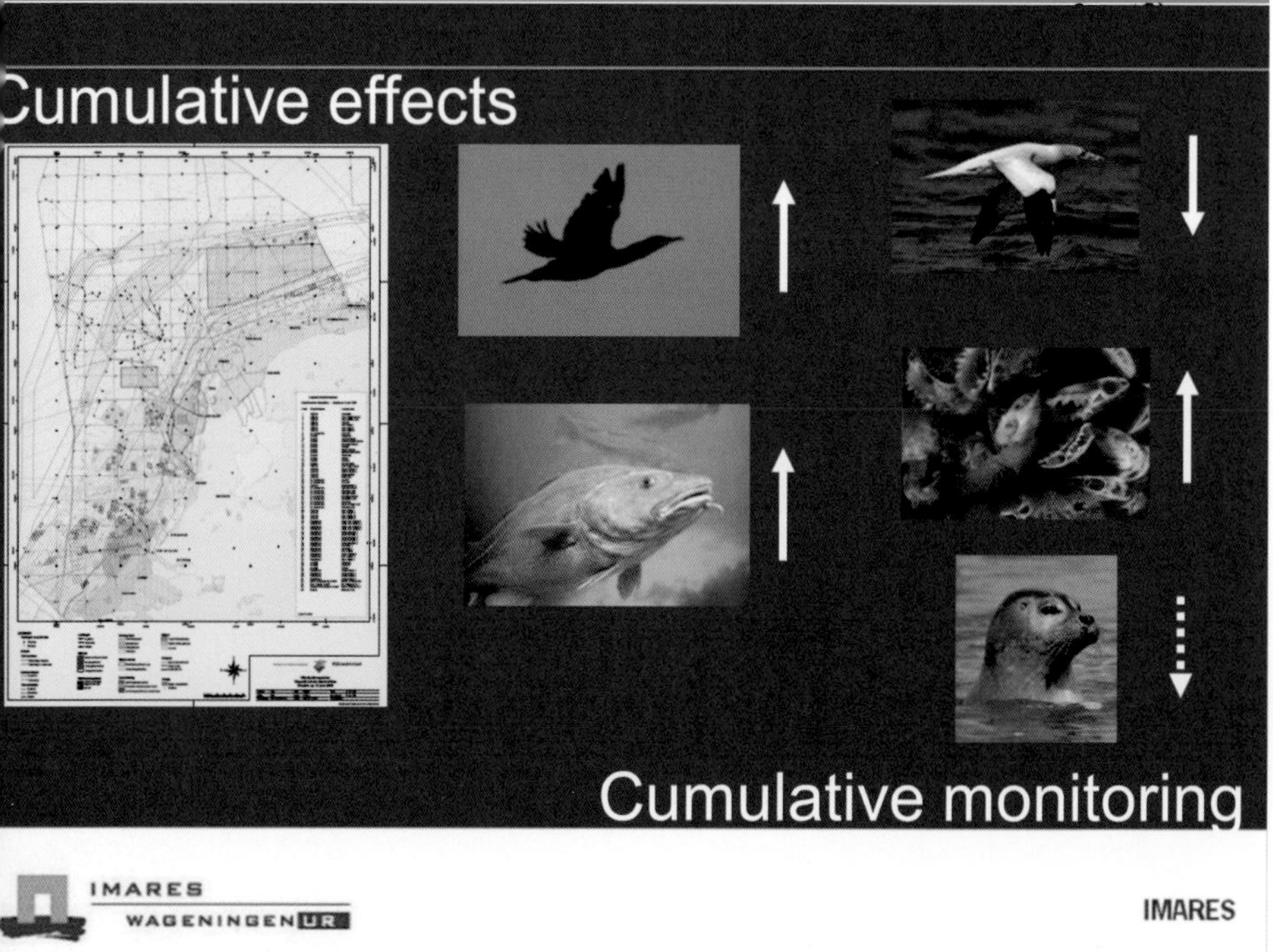

オランダ　イマーレス研究所の洋上風力調査資料（2）

オークニー島の海中　ヨーロッパの海中は海藻が豊かに繁っていた

能になると思ったのです。

実際に潜ってわかった「ヨーロッパの海は砂漠化していない」

実際にヨーロッパの海にも潜りました。大切なのは自分の目で確認することです。潜ってみて、ヨーロッパの海中は予想以上のいい環境だと思いました。日本の海のような磯焼け（砂漠化）はあまり見られませんでした。ヨーロッパでは規程の環境アセスメントの評価に合格すれば風車を建てることができました。

それでも海の中の魚や生物には良い結果が出ているのです。

わかったことのひとつは、温暖化の影響が日本の海ほどではないことです。ヨーロッパの洋上風力施設や海洋エネルギーの施設を設置する海は、温暖化の大きな影響を受けていないようでした。

ヨーロッパの漁業者に同行、ホタテ漁を視察（イギリス、オークニーにて）

また、漁業においてもEU全体で漁業資源管理を統一していて、漁業の衰退化の話はあまり聞くことがありませんでした。むしろ漁業資源管理を施したことで漁業は豊かになっているようにも感じました。

海の自然環境と資源管理が良くなれば、漁業や地域も豊かになることを学ぶことができたヨーロッパ視察でした。

ヨーロッパでは漁業者が海を大切にしている

ヨーロッパの漁業者の方々が漁業資源をとても大切にしていることに、私は感動しました。ヨーロッパで洋上風力の水中工事関係者や漁業関係者、そして自然環境の研究者の方々と親交を結ぶことができました。

とりわけ私が海に潜ることもあって漁業者の方とはすぐ仲良くなれたと思います。海の男同士という連帯感をもってくれるのでしょうか、一度一緒に船に乗ったり、海に潜ったりすると、

「カニ・ロブスターの漁獲量は50年間変わらない」という。
漁業資源が安定しているからだ。

オークニー島の海中

距離は一気に縮まり、いろいろな海の話ができるようになりました。

イギリス、スコットランドの北の沖に、大小七〇の島からなるオークニー諸島があります。ここはヨーロッパの海洋エネルギーの実証、実験の島だということで、私はどういうことが行われているのか、興味をもって出かけて行きました。ホタテやロブスター・カニの漁がとても盛んなところです。

知りたかったのは、潮流発電や波力発電など海洋エネルギーの施設が漁業にどういう影響を与えているかでした。海に風車を建てると漁場がダメになるという反対意見がありますが、潮流発電などは海の中に直接ローターや発電機を設置するので、洋上風車以上に水中の生態系・漁業に影響を与えると思ったのです。

机上の議論ではわからないことがたくさんあります。実際に漁業者の方に話を聞いたほうが、はるかに現場の様子はよくわかると思ったからです。

オークニー島のホタテ漁

ヨーロッパの漁業者に同行、ホタテ漁を視察（イギリス、オークニーにて）

一二センチに満たないホタテは海に戻す自主規制

オークニー諸島ではすぐに漁業者さんたちが集まってミーティングを開いてくれました。漁業組合長が声をかけてくれたのです。日本からわざわざ来てくれたということで、歓迎されたようでした。そのようなムードでしたので、忌憚のない、いい話を交えることができました。ホタテの潜水漁にも同行させてもらいました。ホタテ漁の漁業者の方がいかにホタテを大切にしているか、一緒に行動しているとよくわかりました。

ホタテは自分たちが生きていく上でなくてはならないものだからと、彼らは決して乱獲をしないように自主的な取り決めをしていました。国の法律では、ホタテは一〇センチ以上でないと獲ってはいけないと決められています。

しかし、彼らは一二センチ以上と、さらに厳しい自主規制を設けていたのです。ホタテが卵を産むようになる目安は一二センチだそうです。漁業者の方々は長い体験からそのことを知っていて国が定めているからと言って、一〇センチで獲ってしまうということをやっていない、ということでした。水揚げされたホタテは船の上で測定され、一二センチに満たないものは、その場で海に戻されます。彼らにとってはそれが当たり前で、そうやって自主規制をしてきたからこそ、豊かな海が守られているようでした。

五〇年間まったく変わっていない漁獲量

オークニー諸島のホタテ漁は、二つの方法で漁をしていました。ひとつは漁業者の方が潜水して漁をするもの。もうひとつはドレッジ漁といって、機械で漁をするものでした。

金属製の引き網具を使ったドレッジ漁は、潜水漁とは比較にならないほどたくさんの漁獲量がありますが、海底を削り取るようにして獲ってしまうので海が荒れてしまうとのことでした。オークニー諸島の漁業者の方はそれをよしとしません。ガーリーさんという仲良くなったホタテ漁の親方は、人懐っこい笑顔でこう言いました。

「我々は一〇〇年、二〇〇年続く漁業にしたいから機械は使わない。潜って手で獲っていれば十分にやっていける」と笑顔で語っていました。

ロブスターとカニを獲る漁船にも乗せてもらいました。カゴ網で獲るのですが、サイズの小さなカニや卵をもったロブスターはその場（船上）で海に返していました。

ただ獲るだけでは豊かな海にはなりません。育てることも考えないといけないのです。漁師さんたちにとっては大切な資源です。これを自分たちで守るという姿勢は徹底されていました。港でカニの水揚げをしていたお年寄りの漁師さんに「漁獲量はどうですか？」と聞いてみました。この五〇年間、まったく変わっていないそうです。

洋上風力発電を軸にすべてが共通の認識をもって動く必要性

ヨーロッパの海を見て回って印象的だったのは、日本の海のような磯焼け（砂漠化）がほとんどなかったことです。日本ではほとんど見られなくなった健康的な海が残されていたのです。

カニ・ロブスター漁を漁業者が自主規制して
資源管理を徹底していた（イギリス・オークニー）

うらやましく感じました。

洋上風力発電が海の環境とどうなっているのか、そして漁業との関係はどうなっているのかを確認したくて、洋上風力発電の先進地・ヨーロッパへ行きました。その洋上風力発電は海の環境に、今のところマイナス面はなくプラスの影響を与えています。

同時にもうひとつ、大切なことに気づかせてもらいました。

それは、洋上風力発電さえ普及させれば海の環境が良くなるという単純な話ではないということです。漁業者の方の協力がとても重要なのです。オークニー諸島の漁業者さんのように、一〇〇年、二〇〇年の未来を見据えての漁業をやることで、オークニーの海は健康に保たれているのです。

漁業者の方なしには豊かな海作りは語れません。漁業者の方と今まで以上に密なコミュニケーションを取り、洋上風力発電が海の環境の回復や漁業資源の回復に貢献することを知ってもらって、一緒になって活動を進めていかないと、必ず行き詰まってしまいます。

もちろん、洋上風力発電にかかわる業者の方たちにも、ただエネルギーを作るだけではなく、海の環境や漁業を良くするという認識をもち、実践していただくことが必要となります。

ヨーロッパの漁業者と意見交換、海洋エネルギーの影響を聞く（イギリス・オークニーにて）

オークニー島の海中

調査に向けた取り組み

出典：(一社) 海洋エネルギー漁業共生センター

海洋エネルギーフィー

洋上風力発電を軸に、事業主の方々、漁業者の方々、建設に携わる業者の方々、行政の方々、それに海の専門家の方々など、さまざまな分野の方が、共通の認識をもって動く必要性を、ヨーロッパでは感じました。

私は「デザインが大切だ」とよく言っているのですが、洋上風力発電をやるなら、その海や地域全体の実態を総合的に見て、漁業も海も地域も持続して豊かになるデザインを考える必要があります。

洋上風力発電によって海の環境を良くするという視点や、漁業を再生・活性化させる視点、そして地域を持続的に豊かにする視点をもつことが重要になります。

長年、日本や世界の海の中で仕事をやってきた私が、ヨーロッパの海に建つ洋上風力を観て、日本の海での洋上風力をどうすればいいのか、私の試行錯誤は続きました。

日本の海がどうなっているのか。どんなふうに改善していけばいいのか。洋上風力発電の可能性に向かって歩みはじめました。

ヨーロッパの洋上風力視察

［コラム］

02 ヨーロッパの洋上風力発電の歴史と現状

本文で紹介しましたが、洋上風力発電の先陣を切ったのはデンマークでした。一九九一年のことです。四五〇キロワットの風車一一台が設置されました。デンマークの風力発電は一九八〇年代から組合方式で推進され、陸上には多くの風力発電所が建設されてきました。その流れで、世界のどこよりも早く洋上風力発電をはじめたのです。

今のデンマークのエネルギー政策では、化石燃料ゼロを目指すという大きな目標を掲げています。これからますます洋上風力発電には力を入れていくのではないでしょうか。

ヨーロッパは年間を通して安定した偏西風が吹いていますので、風力発電には適しています。風車というとオランダを思い浮かべる方も多いかと思いますが、製粉や製材、製紙、湖から水をくみ上げるといったことで使われていて、ヨーロッパでは、風を動力源として使う文化があったため、海の上で風力発電をやろうという発想は生まれやすかったのかもしれません。

オランダが風力発電を導入したのは二〇〇〇年以降です。最初の風力発電は二〇〇六年に建設されました。国土が狭いので陸上では限界があります。風車国のプライドにかけて、洋上風力発電を推進していきたいのですが、今のところは、イギリス、ドイツ、デンマークの後塵を拝している状況です。

最近の洋上風力発電をけん引しているのはイギリスです。イギリスは北海原油をはじめエネルギー資源が豊富な国だったので、風力発電には力を入れていませんでした。国土も狭いので大規模な陸上の風力発電には食指が動かなかったのです。

しかし、地球温暖化が問題になり、北海原油や石炭が枯渇したときのことも考え、再生可能エネルギーに力を入れるようになりました。再生エネルギーといってもいろいろありますが、海岸線が長くて遠浅の海が多く、安定して偏西風が吹くという環境を考えたとき、洋上風力発電がもっとも適しています。政府も本気で取り組みはじめ、次々と大規模な施設を作り、世界一の洋上風力発電の国になりました。

ドイツはもともと陸上の風力発電の盛んな国でした。しかし、陸上よりも洋上に可能性を見出したのでしょう。今は洋上風力発電に力を入れています。技術力のある国ですので、単位時間当たりの最高発電量はイギリスに次いで二位です。イギリスに追いつこうとするような勢いがあります。

ヨーロッパでは現在一一〇カ所の洋上風力発電が動いています。風車の数にすると五〇〇〇基以上です。発電量では原発八基に相当するくらいに大規模なものとなっているのです。

第四章

日本の海の現状

日本の海では海藻が消失して砂漠化が広がっている

ヨーロッパの海を見て、洋上風力発電が海の環境と共生できると確信した私は、改めて日本の海の現状を見直してみました。

この二〇年余り、漁場や藻場の調査・再生で北海道から沖縄まで、約五〇数カ所の海に潜りました。海の生物資源や海藻資源の状況を知るには、季節を変え何度も見る必要があります。改めて日本の海を見ると、磯焼け（砂漠化）が進んでいます。場所によってはひどい状態になっていました。

海藻が森のように茂っているところを藻場と言いますが、三〇年前には二〇万ヘクタールあった藻場が、今では一五万ヘクタールまで減っていると水産関係の調査で言われていますが、実際には海藻が完全に消失せず貧海藻状態の海域も合わせると、日本の近海の半分以上の沿岸の海藻が減少しているように感じます。

砂漠化はまだまだ進行中で、このままだと日本の沿岸に豊かに茂った海藻の森の姿が消えてしまうのではという危機感があります。

レジャーで潜水しているダイバーはきれいな海を見ているので、荒廃した海を目にすることは少ないと思います。テレビでもきれいな海を放映はしますが、荒れた海中をこれでもかと流すことはありません。海の中の砂漠化は人目に触れることなく日本の沿岸に広がっているというのが実態だと思います。

藻場は「海の森」です。魚や貝など海の生き物たちにとっては大切な生きる場です。餌場であり住処であり、産卵場であり稚魚の成育場であり、天敵から隠れる場所です。

さらに海水を浄化します。CO_2の吸収率が熱帯雨林の二・五倍と言われています。カラフルな魚たちが泳ぎ回るサンゴの海とは違って地味で目立たない海の中の森ですが、海が豊かであるためにはなくてはならない存在なのです。

日本の沿岸では、地球の温暖化、海洋汚染などさまざまな要因が重なってその大切な藻場が破壊され、砂漠化が進んでいます。

結果として魚介類が少なくなり、漁業者も困っています。何とかしようという動きもありますが、地域によって原因も状況も違っていて、適切な方法が見つからず、砂漠化を止めること

磯焼け 魚も消えた

駿河湾 藻場8千ヘクタール壊滅

地球異変

1面から続く

Ⓐ海底には葉がボロボロになった海藻がかろうじて残り、荒涼とした風景が広がっていた＝静岡県牧之原市沖Ⓑかつて藻場で漁をしていた河村秀夫さん。「藻場があったころは、大きなアワビがいっぱい取れた」と振り返る＝同市

各地で失われていく藻場

静岡県 駿河湾：約8千ヘクの藻場がほぼ壊滅した。国内最大の磯焼けエリア

1970年代に磯焼けが始まり、全国に先駆けて対策に取り組む

アイゴによる藻場の食害が2008年に確認され、現在進行中

磯焼けの情報を報じる新聞記事（静岡）
朝日新聞 2011年1月11日

尾鷲湾　悩む再生実験地

藻場は取り戻せるのか。三重県尾鷲市。70年代に磯焼けが始まった尾鷲湾で、全国に先駆けて対策に取り組んできた「先進地」だ。

磯焼けが広がった海底に設置された藻礁を調査する三重県尾鷲市の職員たち＝同市沖、いずれも伊藤写す

藻を増やすため、養殖したアラメ（コンブ科）などを植え付けたコンクリート製の藻礁を、次々と沈めていった。92年から17年間で約900個にも上る。つぎ込んだ事業費は、10億円近くになる。

それが今、どうなっているのか。昨年11月に、その海底を見た。北東側の元須賀利では、ヒジキの仲間のトゲモクが藻礁や周りの岩場に、ぽつぽつと生えていた。対岸の大曽根と行野浦では、藻礁にも岩場にも目的の藻の姿はほとんどなかった。「いったん失われた藻場を元に戻すことは本当に難しい」。元市職員の栗藤和治さんはそう話す。ある市担当職員は「回復しているところと、全くだめなところの違いもわからない」。

藻場に詳しい向井宏・京都大特任教授によると、藻場は植物のおかげで酸素も豊富となり、動物プランクトンなどが増え、魚もすみやすい環境になる。しかし、藻場がなくなると、酸素が減ってバクテリア以外はすみにくくなる。バクテリアを中心とした生態系に変化して、結果として藻の生育にも適さない環境になってしまう、という。

向井特任教授は「変化した海の環境を元に戻さない限り、ただ海藻を移植しても藻場を復活させるのは大変なことだ」と指摘する。

環境省の生物多様性センターは2002年度から5年間かけ、全国129カ所の藻場について、現状や課題を調査した。その報告書にこう記している。

「藻場が自然環境の一部として独自に再生できる限界を超えてしまっては、どのような対策も手遅れである」

（田之畑仁、伊藤恵里奈）

【環境】

磯焼けの情報を報じる新聞記事（三重）
朝日新聞 2011年1月11日

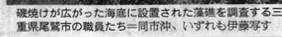

はできないのが現状だと思います。

私も長年の潜水経験を生かして、各地の砂漠化を何とかしようと活動してきました。部分的には効果が出たと思いますが、しかし焼け石に水状態だというのが正直なところです。

そんな中での洋上風力発電との出会いでした。洋上風力の建つヨーロッパの海を実際に目の当たりにして、見えてきたことはヨーロッパの海と日本の海の環境状況が違うということでした。

これから日本の海に洋上風力発電をつくるとしたら日本の海がどんな状態になっているのか、知ってもらう必要があると思いました。

藻場が消えると生態系のバランスが崩れる

食物連鎖という言葉を聞いたことがあると思います。生き物は「食べる・食べられる」の関係でつながっています。

磯焼け
函館
青森
減少
十三湊
男鹿
減少
宮古
減少
減少
減少
いわき
減少
隠岐
舞鶴
千葉
減少
磯焼け
磯やけ
対馬
壱岐
東京・三宅島
神奈川
静岡
三重
和歌山
高知
宮崎
五島
鹿児島
磯やけ
減少・磯焼け
減少
日本中の漁場と藻場を調査して見えてきたこと

北海道・臼谷
北海道・増毛（舎熊）
北海道・余市
北海道・寿都
北海道・函館
青森・大間
青森・佐井村
青森・易国間
秋田・男鹿
岩手・大槌
宮城・女川
島根・隠岐島
京都・舞鶴
京都・栗田
大分・下入津
神奈川・平塚
神奈川・三浦
神奈川・真名瀬
千葉・金田漁港
静岡県・伊東
三重・菅島
静岡県・伊豆
三重・大王町
三重・三浦湾、三木浦
東京・三宅島
長崎・壱岐
大分・姫島
長崎・鷹島
大分・国東
愛媛・宇和島
和歌山・串本
長崎・西彼
長崎・瀬川
長崎・五島
和歌山・白浜
和歌山・田辺
鹿児島・長島
和歌山・大引漁港
沖縄県・辺野古
高知・池の浦、野見湾
大分・丹賀浦
大分・名護屋
宮崎・延岡
日本中の漁場と藻場を調査して見えてきたこと

海の中だと、食物連鎖の底辺にいるのが植物プランクトンです。植物プランクトンはほかの生き物を食べなくても生きていけます。光合成で栄養分をつくり出して成長し、数を増やせるからです。

植物プランクトンがあってこそ食物連鎖は成り立ちます。植物プランクトンを動物プランクトンが食べ、動物プランクトンを小魚が食べます。そして小魚を中型魚が、中型魚を大型魚が食べます。そうやって海の生き物たちは命を育んでいるのです。

食物連鎖の下の方の生き物はたくさんいて、上にいる大型魚のマグロやカツオなどの数が少なくなっています。それを左頁の図にするとピラミッド状になっていて、どこかが異常に増えたり減ったりするとスムーズに食物連鎖が進まなくなりますので、生態系が崩れてしまいます。自然は絶妙なバランスで成り立っているのです。

海藻は植物プランクトンと同じように光合成で栄養をつくっています。その海藻が消えていくような海の環境では植物プランクトンも生きていかれません。となると、動物プランクトンが消えていき、小型魚、中型魚、大型魚も生きられなくなってしまいます。

磯焼けによって藻場がなくなり、食物連鎖のバランスが崩れてしまった結果、魚が獲れなくなっているのが日本の海のひとつの現状です。

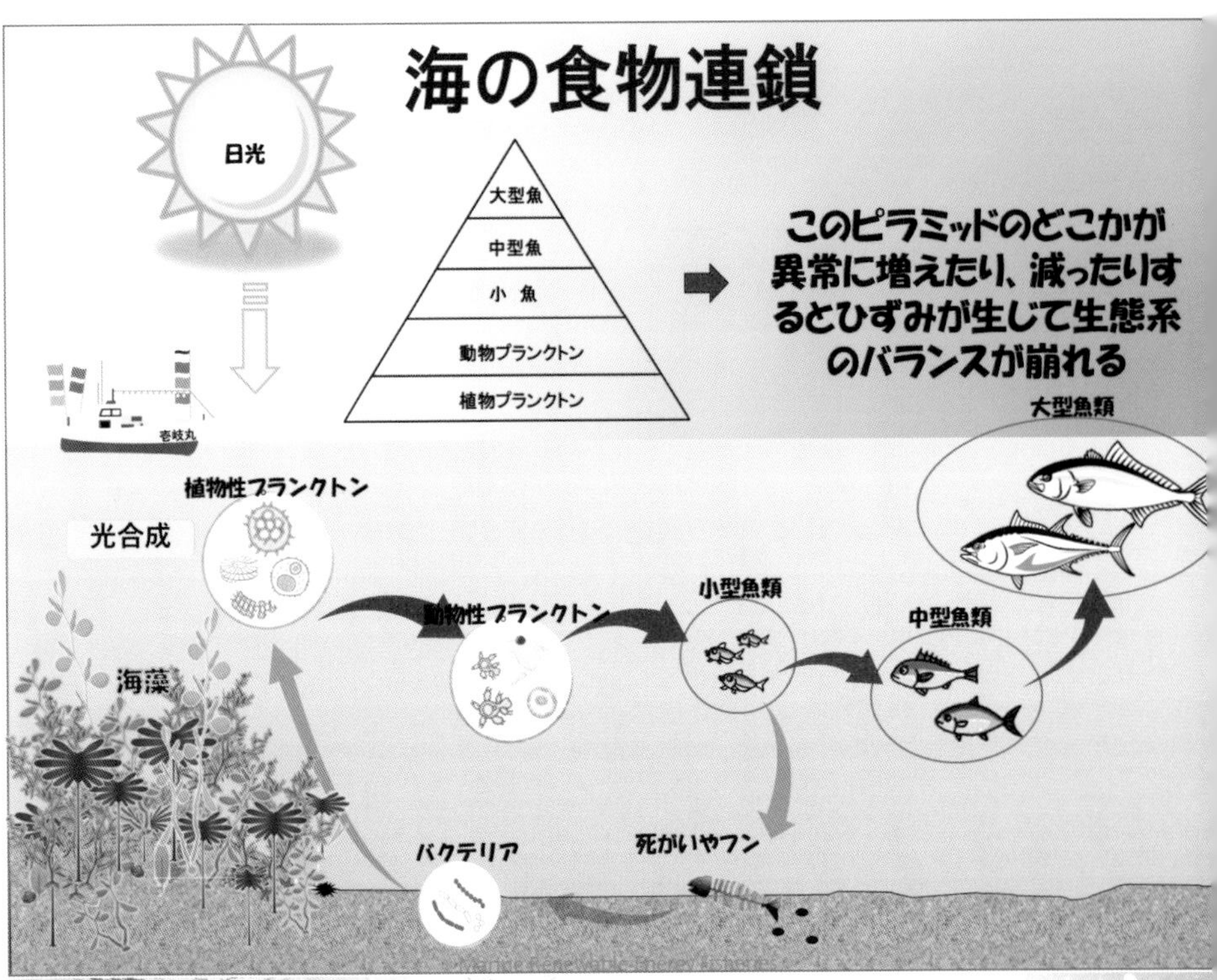
海の食物連鎖
日光
大型魚
中型魚
小 魚
動物プランクトン
植物プランクトン
このピラミッドのどこかが
異常に増えたり、減ったりす
るとひずみが生じて生態系
のバランスが崩れる
壱岐丸
大型魚類
植物性プランクトン
光合成
動物性プランクトン
小型魚類
中型魚類
海藻
バクテリア
死がいやフン

光を浴びる海藻

海面下の構造物を工夫することで海の大ピンチは救える

日本の海の現状を左頁の写真でお見せしましたが、どう思われたでしょうか。ご紹介したのはほんの一部で、多くの海が写真と同じように砂漠化しています。実際に海に潜って自分の目で見ると、ゴーストタウンならぬ生き物がほとんどいない海の底が広がっていて、不気味な感じがします。こういう現状が日本の海中にあるということを強く伝えたいと思います。

このままでは日本のまわりの海は海藻のない無味乾燥の海になってしまいそうです。

地球温暖化という大きな壁がそそり立っていて、海を回復させる特効薬は見つかりませんが、それでも、まだ可能性は残されています。できることから一つひとつやっていきたいと思っています。

これから洋上風力発電が広まっていく流れの中で、風車の海面下の構造物を工夫することで海の大ピンチを救えるようなデザインを生み出せればと思います。

磯焼けの海中

第五章

日本の海でどのような洋上風力発電をつくったらよいか

漁業者の理解なしには洋上風力発電を進めることはできない

日本の海で洋上風力発電施設をつくろうとしている海の現状をまとめると、

① 日本のほとんどの海で漁業が営まれている。
② 日本のほとんどの海で、一部を除いて漁獲量が減っているか激減している。
③ 温暖化の影響などを受けて、沿岸部は海藻が消滅する磯焼けが大発生しているところが多いし、これからも磯焼けが拡がるところもある。
④ そんな中で、洋上風力発電の施設をつくることは、漁業者の方の漁場を奪うことになって、漁業の衰退に拍車をかけるのではという危惧をもたせてしまう。

ということになります。

日本の漁業はヨーロッパと比較して海との関係が非常に深いということです。漁業者の理解なしには、洋上風力発電を進めることはきわめて難しいと思います。

風力発電は漁業者の理解が
不可欠
＋

そのためには、

1　洋上風力発電は漁場を奪うものではないこと。

2　やり方によっては海の中の環境を良くして、たくさんの魚が集まってきて、漁業を活性化させるきっかけにもなること。

これを実証性のあるデータとともに伝えていく必要があります。

海中の漁業資源のことなど考えずに洋上風力施設をつくっただけのヨーロッパの風車に、魚が逃げずに集まっていました。

日本の海はヨーロッパよりもはるかに荒れていると思います。それだからこそ海の中の環境を回復させることを意識した洋上風力をつくる必要があります。

洋上風力発電は、CO_2を出さずにエネルギーをつくることが大きな目的です。しかし、同時に海の主役である漁業者や魚たちが喜ぶ形にしないと意味がありません。工夫すれば、エネルギー問題と、海の環境と漁業の発展と地域の経済も豊かにするというマルチフルなサステイナブル・プロジェクトにすることができるのです。

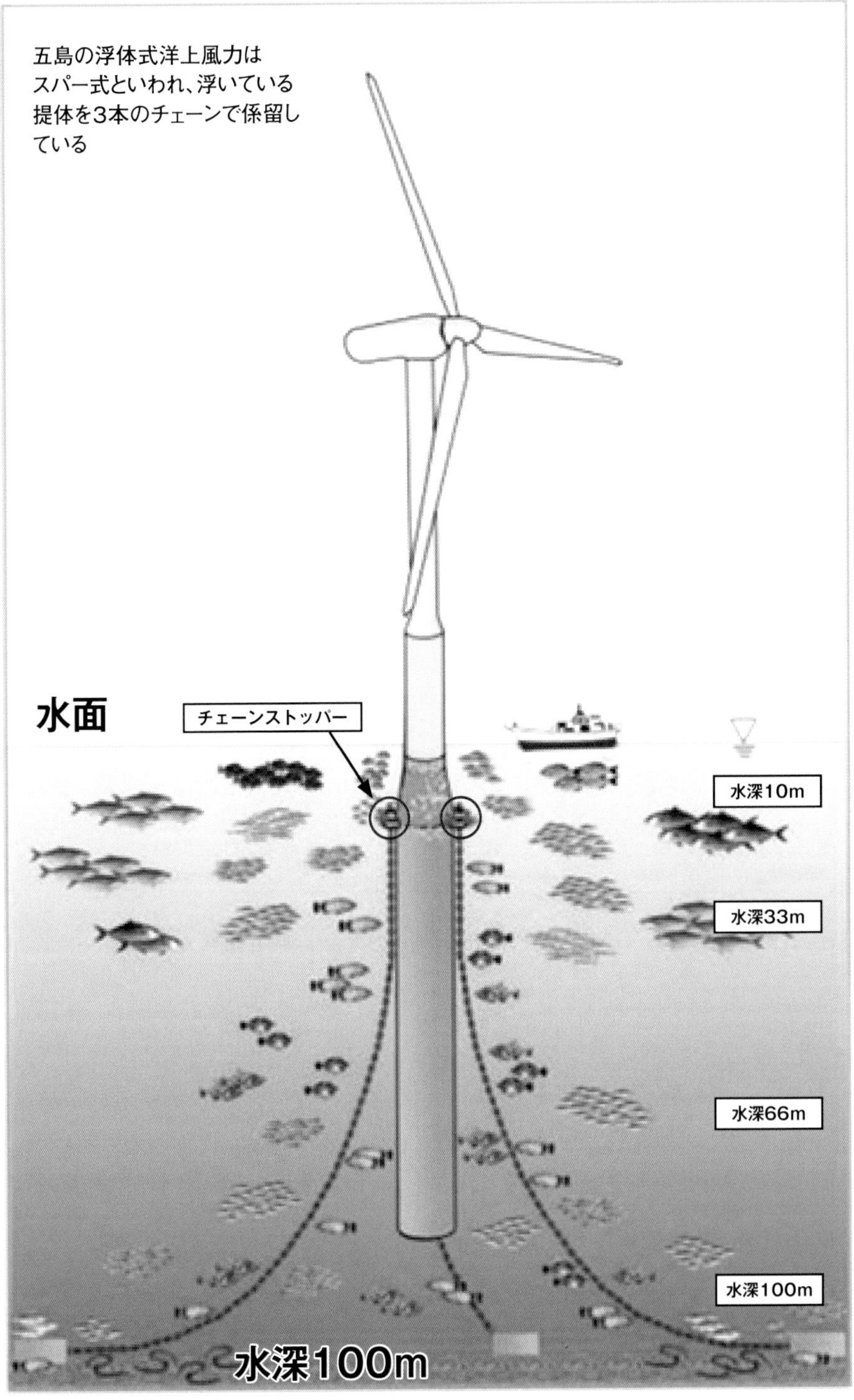

浮体式洋上風力の水中の変化　設置２年後のイメージ

洋上風力発電と漁業との共生の先行事例づくり

ヨーロッパから戻り日本の海を調査していた二〇一二年ごろ、長崎県では海洋エネルギー関連で二つの動きがありました。ひとつは潮流発電の実証フィールドづくり、もうひとつは、五島で浮体式洋上風力発電の実証実験を行うというものでした。

潮流発電ならびに洋上風力発電共に漁業者の理解が必要ということで、漁業協調・共生策モデルづくりの担当アドバイザーになりました。おそらく日本ではじめてのモデル実証だったと思います。

最初の頃は洋上風力発電と漁業との協調・共生といっても、何をどうすれば良いか事例がないので、とりあえずは、海に潜って、五島の海がどうなっているかを調査しました。

五島は、磯焼けがひどい状態でした。漁獲量も激減し、漁業者のみなさんもとても困ってい

五島の漁業者の方々と活動を共にする

ました。顔見知りになった漁業者の方に潜水で撮った写真や動画を見せながら、漁業者さんたちが洋上風力発電についてどう思っているのか、本音を聞いて回りました。

よかったなぁと思ったことは、実際に海に潜って五島の海をみて何がどうなっているかを話すことに耳を傾けてくれたことです。こうした漁業者の方々との信頼関係は、五島での活動の大きな財産になりました。

海の変化がわかる貴重なデータがとれた

漁業者さんたちの後押しもあって、本格的な調査をすることができました。調査には資金も人手もいります。時間もかかります。五島に行く用事をつくっては、そのついでに洋上風車の水中や沿岸部の調査を続けました。有難かったのは五島の地元の方や漁業者の方々が全面的に協力してくれたことです。その動きに引っ張られるように、自治体や洋上風車の担当会社、そして大学の先生方が調査の後押しをしてくれて、風車が建つ前と後と、海の変化がわかる貴重

五島の浮体式洋上風車水深100mに3本のチェーンで繋がり浮かぶ

多くの魚や生物が棲みついた浮体式洋上風車の水中

なデータをとることができたのです。

環境省は二〇一〇年から一五年度に五島列島で洋上風力発電の実証実験を行いました。二〇一六年から営業運転がはじまっています。浮体式による洋上発電で、風車の直径は八〇メートル。最大で二メガワットの電力を供給できます。全長が一七二メートル、全体の約半分が海中にあります。

五島の洋上風力は、水深が一〇〇メートルと深かったので水中遠隔操作ロボット（ＲＯＶ）を使いました。

水中遠隔操作ロボットは、海洋調査にはなくてはならないものでした。高い運動性と操作性を備え、高解像度工学カメラを搭載していますので、クリアで広角な映像を得ることができます。漁業者の方々の協力を得て、風車の周辺をくまなく調査しました。

浮体式洋上風車の水中作業・保守メンテナンス・生物調査をサポートした水中ロボットROV（1）

ROV（2）

ROV（3）

出典：渋谷潜水工業

風車ができて二年後、海が劇的に変わった

風車ができて二年後、浮体式洋上風力の水中がどうなったか、そして洋上風力の建つ沿岸の磯焼けの状況はどうなったかお伝えします。両者ともに海が劇的に変わりました。私にはある程度予測できましたが、予想以上の良い変化に正直驚きました。

一方、漁業者や自治体、施工業者の方たちは、もともと海の中の漁業環境についてはどうなるのかの予想はできなかったので、その激変ぶりにはびっくりしていました

五島で漁業共生・協調策構築のデータがとれたことは、その後の動きに大きな影響を与えました。

長崎県以外にも、風資源があるから洋上風力発電をしたいと考えている地域もありますが、ほとんどの地域で、漁業者が「漁場が奪われる」と反対するため、計画が進みません。

しかし、反対していた漁業者も五島に来て、海の中でどんなことが起こっているかを知るこ

浮体式洋上風車の水中を群游するタカベ

浮体式洋上風力の係留チェーンに棲みついたイセエビ

浮体式洋上風車に集まった小型の回遊魚（アジ・サバ・イワシ）を追いかけてカンパチが登場

出典：渋谷潜水工業

とで、「これならやってもいい」と賛成するようになりました。

エネルギーのことばかりを語っても、漁業者の心は動きません。漁業者にとって大切なのは自分たちの漁業がどうなるのかなのです。その心配をクリアしないと、漁業者の理解は得られないし、漁業者の協力がなければ、洋上風力発電も進まないのです。

二年後、五島の海がどうなったか、前頁をご覧下さい。

五島の洋上風力発電の下は生き物の宝庫

漁獲調査というのがあります。実際に漁業者の方々に三カ所で漁をしてもらい漁獲量の比較をするものです。

洋上風力発電を建てた海域、人工の魚礁を沈めた海域、何もしていない天然の海域、この三カ所で漁をして比較すると、結果はいつも洋上風力発電での漁獲がいちばん多いのです。

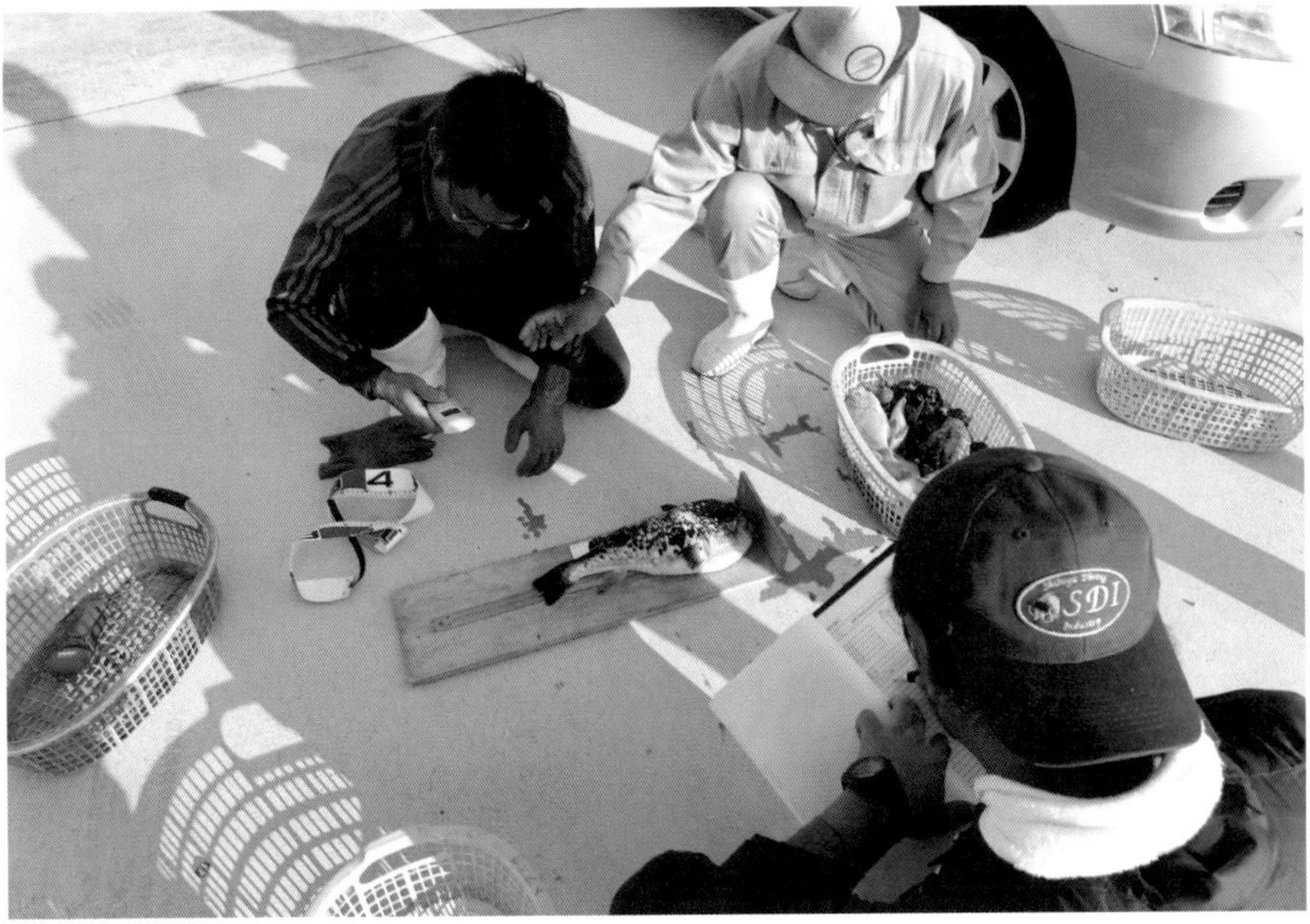

漁獲調査の様子

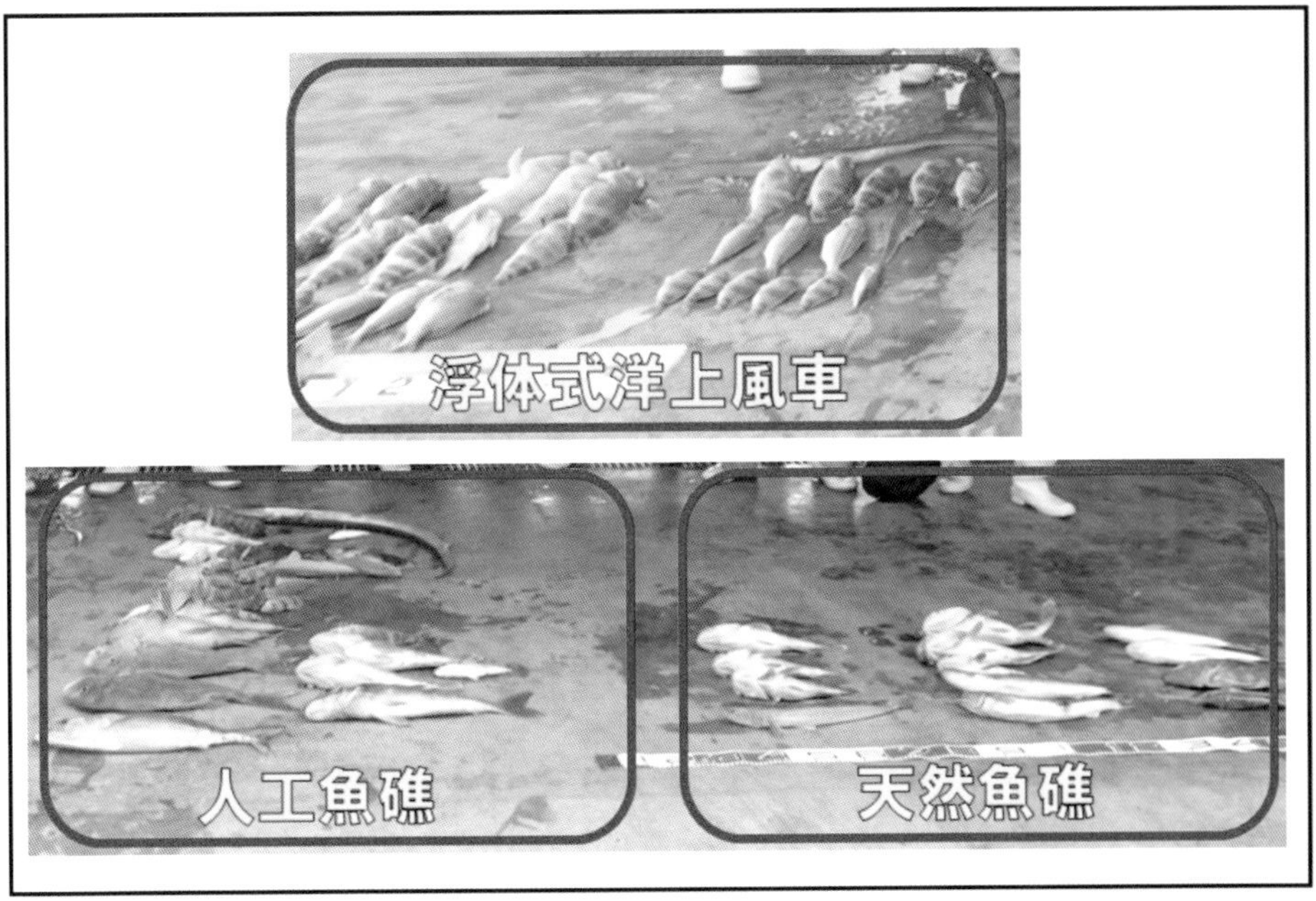

漁獲調査の結果

五島の洋上風力発電の海中は、二年でこんなふうに変化していると考えられます。

五島の沖につくられた一基の洋上風力発電。その海域を調べたら、次のようなことがわかりました。

①洋上風力発電は電気をつくるだけでなく、良好な漁場もつくれるのではないか。一石二鳥で環境と漁業資源戦略になるのではないか、ということ。

②ヨーロッパのように洋上風力発電がたくさん並ぶ海は、大漁場になる可能性が見えてきたこと。

③漁業者の方のヤル気をきびしい磯焼けの海に向けることで、海藻（ヒジキ）を再生することができたこと。

④洋上風力発電を建設するには漁業者の方との協力が不可欠だということです。

漁業者の方の力を借りないと海の実態を調査はできません。漁業者の方の意見や体験をしっかりと聞くことで、その海にはどんな洋上風力発電が適しているかがわかります。漁業者の方を無視しては、いい洋上風力発電はつくれません。

私は、何を置いてでも、その海で生活をしてきた漁業者の方のことを考えるべきだと思っています。それでこそ、洋上風力発電をつくる意味があるのではないでしょうか。

水深10m
水深20m
水深50m
m
Copyright © 2017 Marine Renewable Energy Fisheries INC. All Rights R

漁業と共生・協調した浮体式洋上風力発電のデザイン

［コラム］
03
モナコ公国に招待され基調講演を行う

「自分のやっていることを、ありのままに力まず話すことだ」

モナコ公国から『エコロジカルな海洋構造物・人工島・人工魚礁建造のためのブレインストーミング会議』に招待され、基調講演を行うことになった。

欧米各国の実績ある方々が出席する会議に基調講演という大役を依頼され、正直はじめは、尻込みしたが、「自分のやっていることを、ありのままに力まず話すことだ」と思い直し引き受けることにした。

二〇数年前から海洋構造物と漁業との協調や生物生態系と調和する技術を目指して調査研究を続けてきた。様々なプロジェクトや会議にも参加。水中作業経歴を含めると四〇数年間、地球の海を潜り続けてきたことになる。

この水中のポジションと経歴は、今考えると天から与えられたオンリーワンのような役割だった。水中工事をやりながら生物生態系の変化、調査をみることができたからだ。その経験は、海と自分が「どのように調和して付き合っていけばよいのか」という優しい目を養ってくれたように思う。

「人の手で造られたものが海の生きものたちと共存共栄できる」

モナコでの講演では二つのテーマで発表した。ひとつは「東京湾アクアラインの人工島――海ほたると風の塔の魚礁化について」、もうひとつは「五島の浮体式洋上風車の魚礁化とその周辺海域のエコロジカルデザインについて」である。

建設当時、東京湾アクアラインができると東京湾の海環境が悪くなると懸念されて、その水中工事を担当する私としても胸が痛んだ。

しかし、アクアラインの建設が進み、完成する頃の水中は魚や生物が集まり、魚礁のような様相を呈していたのである。この経験は私の潜水人生を一変させることになった。

「人間の手でつくった海洋構造物と海の環境・生物生態系は、やり方によっては調和することができる」この発見は自分の職業に後ろ向きになりがちだった私に、大きな勇気と希望を与えてくれる出来事になった。モナコでの講演テーマに、「東京湾アクアライン」を選択したのも、そこが海再生の出発点になったからである。

そして、海との協調・共生の実績が二〇数年後の現在、長崎・五島での洋上風車の魚礁化につながり、その周辺海域を漁業資源環境として「どのようにデザインすればよいのか」を構築できるまでになったのである。「人の手で造られたものが海の生きものたちと共存共栄できる」そのひとつの道標をモナコの会議で発表した。

エコロジカルな海洋構造物への取り組みを知って役立てたい

モナコは地中海に面したフランスとイタリアの間にある面積二㎢足らずの小国だ。しかし国民一人当たりの収入は高く、国土（土地）の生産性は群を抜いて高い。年に一回開催されるグランプリレースは世界中から多くの人を集める。また、地中海のリゾート地としても有名で、高い値段でリゾートマンションなどが売れているという。小さな国土だがその土地が大きな収益を生んでいる。

そのモナコで海を埋め立てて人工島を造ることになり、公募でフランスの大企業ベイグ社がオペレーターとして選定された。建設費は日本円にして約二五〇〇億円、造成後の経済効果は八〇〇〇億円余りと試算されていた。

この都市拡大プロジェクトを進めるにあたり、モナコ政府は独立した環境モニタリング委員会（ＥＭＣ）にモニタリングサポートを依頼した。

私はこのＥＭＣから推薦され、冒頭のブレインストーミング会議に招聘されたのである。

委員会の役割のひとつは、人工島建設の事業主ベイグ社が提案してきているエコロジカルデザインが、モナコの海環境に対して本当に良いのかどうかを検討することであった。

一方、検討だけでなく、さらに海環境に良い代替案も必要としていた。そのためアメリカ・日本・ヨーロッパなどのエコロジカルな海洋構造物の取り組み事例を知り、モナコの人工島建設に役立てたいという意向であった。

「ブラボー」と「パーフェクト」の絶賛を浴びた

五月一四日モナコのエコロジカルのブレインストーミング会議を終えた。

長い一日だったが、手応えのある一日でもあった。

モナコの重要な会議で、どれくらい私のプレゼンが役に立つのかまったく不明であったが、終えたら「ブラボー」と「パーフェクト」の絶賛を浴びた。

基調講演を終えると、地中海センターのデニスセンター長が、私の席に真っ先に来てくれた。「日本のプレゼンが非常に参考になった。今後、メールで色々やりとりしたいのだがどうだろうか」と名刺を差し出してきた。

また、モナコ公国の方から「自分の知人が洋上風力をスタートさせている。是非、紹介したい。貴君のプレゼンは必ず興味を持つはずだ」と話しかけて、名刺を持って来てくれた。終了後のモナコ公国主催の懇親会でも主賓席に招かれ、歓待を受けた。

皆、私の発表に満足してくれていることを感じ、有難く思った。

EMCのピオシェ教授（フランス・モンペリエ大学）からは、「今回の（プレゼン）は、自分が思っていた以上のプレゼンだった。日本の自然環境や漁業との協調の取り組みのレベルの高さに驚いた」、「おそらく今回出席した委員会のメンバーも同じことを感じたはずだ。パーフェクトだった」とも付け加えてくれた。非常にうれしかった。

二〇数年間、海洋構造物と海・自然環境や漁業との共存・協調モデルづくりの実践をやり続けることが、世界にも通用することを証明されたようで、安堵の思いが湧いてきたのである。

長崎での海洋（再）エネルギー活動が大きな手助けに

今回のモナコにおける会議で世界に通用する発表が出来たのは、長崎でのエコロジカルな海洋（再）エネルギーの取り組みを行ったことが大きな手助けとなっている。

長崎県では、洋上風力や潮流発電の海洋再生可能エネルギー事業を推進するにあたり、地元や漁業者の方々の協力が必要だということを深く理解して出発した経緯がある。

ヨーロッパ各国の海エネ事業は、主に環境影響評価の調査を行えば良しとして進められていたが、日本では、漁業者が漁業を営んでいることに最大限の配慮が必要である。欧米とは海域利用の事情が違っていると判断したのだ。

輸出できる長崎・日本の取り組み

現在、五島にある一般社団法人海洋エネルギー漁業共生センターには、国内・外から多くの視察や相談がある。視察や相談のほとんどは、洋上風力事業をすすめるにあたって地元や漁業者とどう協調・共生してすすめていったらよいのか、その方策が知りたいというものだ。

五島は洋上風力や潮流発電の取り組みにおいて、地元や漁業との共生・協調の先進事例地になっているのである。国内からは青森・岩手・福島・茨城・千葉・秋田・山形などから視察が来ている。海外では韓国ウルサンの洋上風力チームからも視察が来たり、相談を受けたりすることが多い。

海外の洋上風力プロジェクトにおいても、最近では環境影響調査だけでなく、漁業との協調・地域との共生のエコロジカルデザインが求められるようになってきている。

これが世界のトレンドになりつつある。

こうしたトレンドを先取りした長崎・五島のエコロジカルな洋上風力や潮流発電事業を、長崎のためにも日本のためにもそして地球のためにも輸出したほうがよいと思っている。

第六章

漁業や地域と共存共栄する
洋上風力発電づくり

本当に地域を豊かにするにはどうすればよいのか

洋上風力発電を作る目的は？

発電ですから、電気を作ることに決まっています。さらに、CO_2を出さない地球にやさしい発電法だということも大事なことです。

しかし、それだけではありません。これまで何度もお話ししましたが、私は長く潜水工事の仕事をしてきて、日本の海がひどい状態（砂漠化）にあることを知り、健康な海を取り戻すには海洋構造物が役に立つことに気づきました。そして、ヨーロッパの洋上風力発電を視察したときに周囲の海に潜って、そのことを確信しました。

洋上風力発電は、主目的は電力をつくることであっても、風車の水中部をエコロジカルデザインにすることで海の環境が回復して漁業が豊かになり、漁業が活性化することで地域が豊かになるというサイクルができ、周辺の住民にとっても大きな喜びを生み出すことができると

ch 13, 2013 – The Prinses Amalia Wind Farm was
cially opened on 5 June 2007 and according to
ers Eneco and Econcern, since that time the
d turbines have performed better than expected.
資料出典：OFFSHORE　Wind Energy

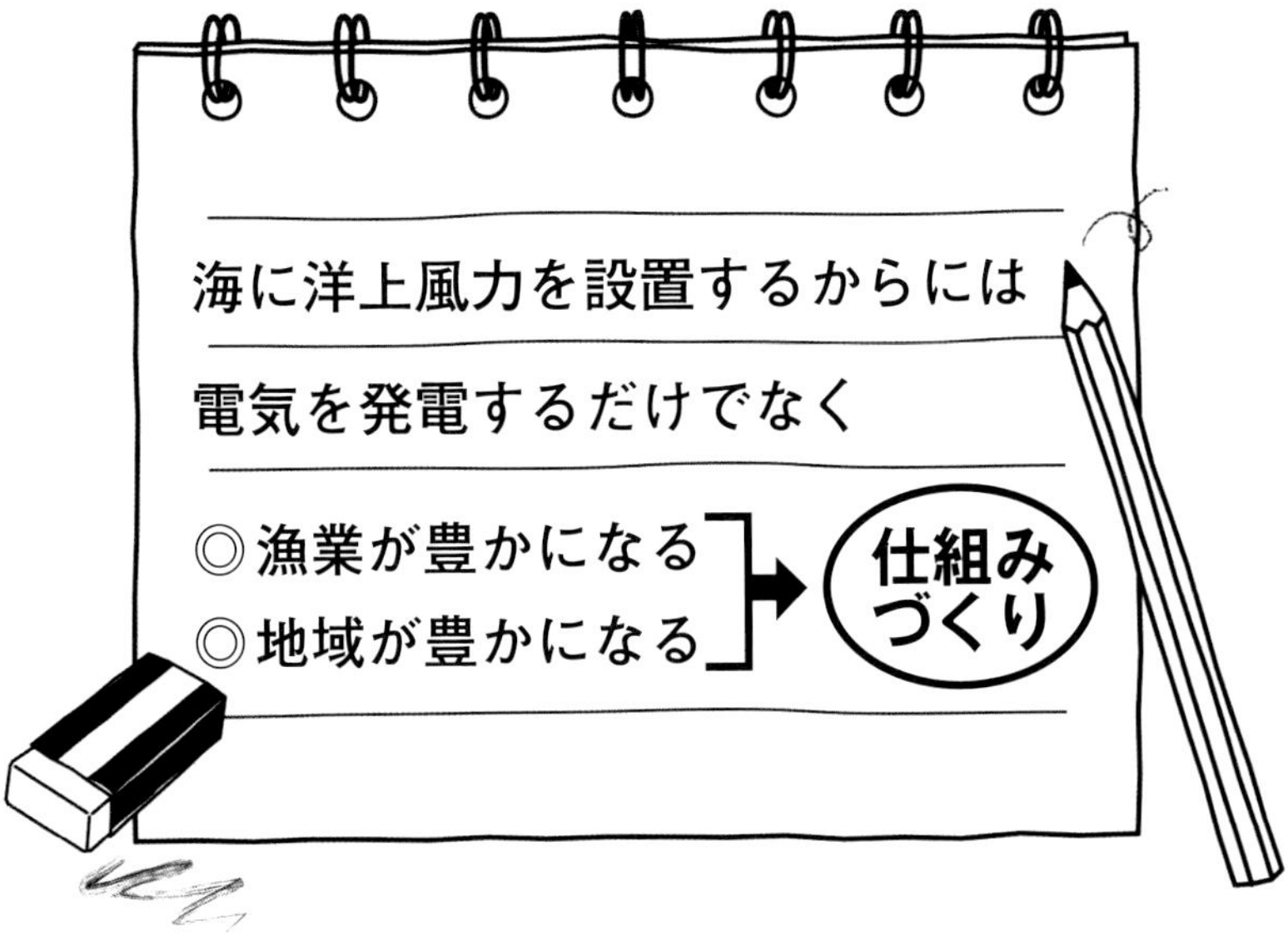
海に洋上風力を設置するからには
電気を発電するだけでなく
◎漁業が豊かになる
◎地域が豊かになる
仕組みづくり

思っています。

CO_2を削減するエネルギー問題解決と同時に、海の環境や漁業の再生・活性化ができる洋上風力発電の普及をめざしています。

漁業が豊かになるのは、前章で述べた通りです。そのことは、ヨーロッパの海でも五島の海でも実証済みです。さらに地域が豊かになるにはどうしたらいいか。お金の問題だけにしないことが大切です。原子力発電を受け入れた地方には、多額のお金が落ちることは周知の事実です。

しかし、その見返りとして、福島のような危険性もあり、いったん事故が起これば地域は壊滅します。さらに、地域内で賛成派と反対派の争いがあって、家族がバラバラになることさえあると聞いています。それではいくらお金が入っても、豊かだとは言えません。

洋上風力発電に関しても利権は発生しますが、お金のためだけではなく、本当に地域を豊かにするにはどうしたらいいのか、争わずに解決できる方法を見つける必要があります。

漁業や地域と共存共栄する洋上風力は、同時に地域の方々との共存共栄も含まれると思います。それらを実践する仕組みづくりが大切です。

地域の人を幸せにするための仕組みづくり五つのポイント

洋上風力発電が地域の人たちを幸せにするための仕組みづくりについて、私が実証してきたことのポイントを述べてみます。この仕組みは現段階の小さな第一歩ですので、これに肉づけしたりさらに良い方法を付け加えてもらえば、仕組みがスパイラルに進化すると思います。

①　事前の漁業資源環境調査

海がどんな状態になっているのかを詳細に調べることが大切です。医療で言えば、治療前の診察に当たります。症状や原因がわからないと適切な治療法が決められません。それと同じで、海も現状を知らないと対策が決まりません。

②　海の見える化

「砂漠化で大変だ」といくら大声で叫んでも、どこまで大変なのか実感がもてません。海の中の様子を写真や動画で見てもらうことで、魚の状況やひどい磯焼けの状況もわかってもらえます。言葉や文字も大切ですが、ビジュアルな伝え方はさらに効果があるようです。

逆に、海の環境が回復していることも、写真や動画で見せることで喜びを共有することができます。

③ 地域が一体となる

賛成派・反対派の対立によって地域が分断されるようなことになっては洋上風力発電を作る意味がありません。漁業者の方はもちろん、行政も地域の住民も、さらには私たち外部の人間も一体となって、洋上風力発電を機に海の環境を見直し、もし環境が良くなければそれを回復させ、漁業も盛んにし、地域全体が豊かになるんだという意志をもって取り組むことが重要です。

五島の海のところでもお話ししましたが、洋上風力発電が一基できただけで、二年後には海が見違えるように良くなったこと、その状況を五島に来て見てもらったり、写真や動画で確認すると、「洋上風力発電は漁場を奪う、とんでもないものだ」と反対していた漁業者の方も考え方を一八〇度変えて、賛成に回ってくれました。

五島もひどい磯焼けで漁獲量は減る一方。年間七〇億円くらいあった水揚げ高が約三〇億円近くまで落ち込んでいます。

このままでは漁業は衰退の一途、漁業者さんたちは地域を出て外で働かないと生活できないところまで追い込まれていました。若い人たちもどんどん外へ出て行ってしまいました。

漁業者さんは海でこそ輝けます。感情的な議論ではなく、洋上風力発電のまわりの海ではどんなことが起こっているのかを実際に確認して、どうすればいいのかを判断していただきたいと思っています。

④ 海の食物連鎖を理解する

前章で食物連鎖には触れましたが、植物プランクトンを動物プランクトンが食べ、動物プランクトンを小型魚類が、小型魚類を中型魚類が、中型魚類を大型魚類が食べます。

そして、魚たちの死骸や糞はバクテリアのエサとなり、バクテリアが海藻や植物プランクトンを育てます。循環が成り立っているのです。

食物連鎖がスムーズでなければ、生き物は生きていけないし、海は豊かになりません。

食物連鎖のスタート地点にいるのが海藻であり植物プランクトンです。地球温暖化や海洋汚染が海藻や植物プランクトンを痛めつけ、食物連鎖が根っこから崩れてしまいます。海藻や植物プランクトンがいなくなれば、魚たちも集まってきません。生き物たちの棲めない海になってしまうのです。

そんな海に、いくら魚を放流しても棲みつきません。海藻や植物プランクトンが棲めるような環境をつくることです。そうすれば、魚たちも戻ってきます。食物連鎖を理解して方策を考えることが重要です。

⑤ 受け身ではなく前向きに取り組める人材の確保

漁業の現場に若い人たちの姿が少なくなりました。将来性を感じないからです。お年寄りが多くなれば新しいことにチャレンジができません。そうすると補助金も入ってこなくて、ますます衰退していく。そのような下向きな漁業にはまり込んでいないでしょうか。

都会から漁業者の方になりたい人を呼ぶと言っても、漁業という仕事は簡単にできるものではありません。本気になって漁業に活力を与えようと動ける人が必要なのです。

洋上風力発電はその切り札になる、と私は考えています。補償金をあてにして洋上風力発電を受け入れるのでは、漁業は活性化しないし、地域も豊かになりません。
漁業も地域も洋上風力発電も、すべてが栄えるような作り方と運営の仕方を、事業主ばかりでなく、漁業者の方や地域の人、行政が一緒になって、知恵と力を出し合うことがとても大切になってきます。

いくら事業主側が一生懸命に洋上風力発電の良さを説明しても、漁業者さんが協力してくれない、行政や自治体も積極的にかかわらないという状態では、いいものができるはずがありません。

環境や漁業に良いデザインの洋上風力に加えて、関係する人たちがいかに前向きに積極的に漁業や地域を盛り上げようとするか。そういう人づくり、ムードづくり、システムづくりも同時にやっていかないといけないようです。

五島での仕組みづくり実践法

五島では、この仕組みづくりを実践しました。

まずは徹底した調査です。できるだけ漁業者の方々に協力してもらうようにしました。その際、コミュニケーションを密にとって、漁業の状況をしっかりと聞きます。

ふたつ目は、調査の結果は漁業者に報告し、同時に彼らの意見をしっかりと聞きました。「皆さんの海を見たらこんなふうになっていましたよ」と、写真や動画で見てもらい、漁業者さんの反応や見解を引き出せるようにしています。漁業者さんは水面から海を見ているので、水中の漁業映像を見るとグッと身を乗り出してくるのがわかるくらい関心を持ってくれます。

三つ目は、「風車ができたら魚がいなくなる」と思っている方はたくさんいますので、今までの海の構造物の魚礁化もあわせて話をすることもあります。

東京湾アクアラインを建設したときの魚礁化の話からはじめ、ヨーロッパの海ではどんなこ

五島の海底は超一級の磯焼けが広がる

とが起こっているのかといった実例をもとに、洋上風力発電と漁業が共存共栄できることを、写真や動画を使って説明するようにしています。このときは、漁業者だけではなく、地域の住民や事業者、行政の方たちにも一緒に聞いてもらうと、さらに良いのではと思っています。

四つ目は、海の食物連鎖の話をします。漁業者の方々に海の食物連鎖を体で理解してもらうと、海藻や植物プランクトンがいかに大切かということがわかり、行動につながります。

ここまで話が進むと、前向きな空気ができ、漁業者の方からは具体的で積極的な意見や質問が出てきます。

前向きな人々が集まると全体に一体感がみなぎってきます。この地域の一体感が不可能なものを可能にする力になることを幾度も見てきました。

① 結果を見せることで漁業者との信頼関係が深まる

五島の海は重度の磯焼けでした。漁業者たちは手の打ちようがなく困っていました。

沖合の洋上風力発電の海中に魚が集まり良い状態になってきたので、私たちは漁業者さんと協力して、沿岸部にひじきの種苗を付け、ひじきが生育する環境づくりを行いました。

洋上風力の周辺共生策・
崎山のヒジキ再生に成功

その結果、十年余り採れなくなっていたひじきが繁茂するようになりました。こういう結果を見せることで漁業者との信頼関係が深まるようです。

② 海の環境が回復するということは新しい海で漁をするということを認識する

私たちは洋上風車の間近の海を見るだけでなく、風車の建つ周辺の海も調査するようにしています。近くの天然の漁場や人工魚礁だったり、沿岸部の磯場や漁港周辺など漁業資源環境がどうであるかチェックするようにしています。

五島でのそんな調査のとき、偶然にも若いムツの大きな群れが定期的に寄る海域を何カ所か見つけることができました。

また、アオリイカの産卵を見かけたので、産卵量を増やす仕掛けも実施して従来の一〇倍余りの産卵量にすることができました。

洋上風車と共に周辺の海も豊かにすることで新しい海ができ、そこで漁ができる可能性が生まれたのです。

③ 海藻が繁るような海にするために必要なこと

洋上風力の共生策づくり調査の結果　ムツの群れ

洋上風力の共生策づくり調査の結果　ムツの群れ

一つ目は、漁業者に海藻の大切さを知ってもらうこと、
二つ目は海藻が消失した原因をチェックすること、
三つ目はその海域にどんな海藻が育つかを実証すること、
四つ目はあきらめないこと、やり続けることが大切だと思います。
五つ目に本気で取組むことで、楽しんでやることも長続きする要因だと思っています。
一度消えた海藻を再生させるおもしろさは、大きな喜びと自信につながると思います。海藻の繁茂は技術と同時に人材が育ちます。

風車を軸に漁場全体をデザインする

五島では、一基の洋上風力発電ができたことで海が大きく変わったと言いましたが、ただ風車を建てればいいというものではありません。

風車を軸にしながら、その海域の漁場全体のデザインをする必要があります。

洋上風力の共生策づくり調査の結果　アオリイカの産卵

ヒジキに卵を産みに来たアオリイカ

ヒジキに産み付けられたアオリイカの卵

●ハード面

洋上風車の直下の水中部をどのような構造にするかは重要です。その海域環境や生態系に合わせた材料構造にする必要があります。また、場合によっては周辺海域の整備も必要でしょう。人工魚礁を設置するとか藻場構造物を築造するなど、これもその海域環境に合わせたハード面の整備が必要です。

●ソフト面

漁業者の方々の協力が得られるようにすることが最も大切です。また、漁業者の方も自分たちの海を豊かにするための努力を惜しまない姿勢が必要かと思います。両者がウィンウィンになるためにお互いが協力して、切磋琢磨する場が必要です。

次が経済のシステムです。今の社会で経済を無視することはできません。かかわった人たちや、会社のすべてが経済的に豊かになるようなシステムの構築です。

五島では漁業振興基金システムを構築しましたが、従来の漁業補償と違って基金を漁業振興のため使えるシステムは、持続可能な漁業を生み出す大きな力になると思っています。

漁の仕方も考えるべきです。日本の漁業は獲れるだけ獲るという側面がありました。それで

五島の浮体式洋上風力

は魚たちもいなくなってしまいます。そうではなく、第三章で紹介したオークニー諸島のように、一〇〇年二〇〇年先を見据えた漁業資源の管理が大切です。

洋上風力発電を中心としたデザインができれば世界中から人が集まる

洋上風力発電を中心とした環境・漁業・地域・経済・人材育成のデザインができれば、世界から注目されると思います。五島にも海外からたくさんの視察団が来ています。それまでだれも見向きもしなかったさびれた五島の漁村に、世界中からたくさんの人が集まって来ます。五島の島は活性化し、経済が活発になっています。そうした好循環が生まれるデザインづくりが必要です。

五島の洋上風力の例からも、洋上風力発電を軸にしたマルチフルな持続可能な全体デザインは世界各地に輸出できるでしょう。日本の海での洋上風力づくりは、ヨーロッパなどから比べ

長崎県五島
海洋再生可能エネルギー
と
漁業との共生・協調モデルづくり
水産振興と地域振興

て様々なハードルを越えることになりますが、それをチャンスととらえて、具体的に乗り越えることで欧米にない斬新なアイデアが日本では生まれると思っています。

洋上風力発電をつくると、漁ができなくなる、漁獲量が減るというネガティブな考え方にとらわれるのではなく、実際の状況を見て、洋上風力発電を機に、海を豊かにするんだというポジティブな方向にすべての方々が動いていくことが、ピンチをチャンスに変える条件のような気がします。

オランダ風力発電施設「プリンセスマリア」

洋上風力発電が増えたらどうなるかをイメージしてみると

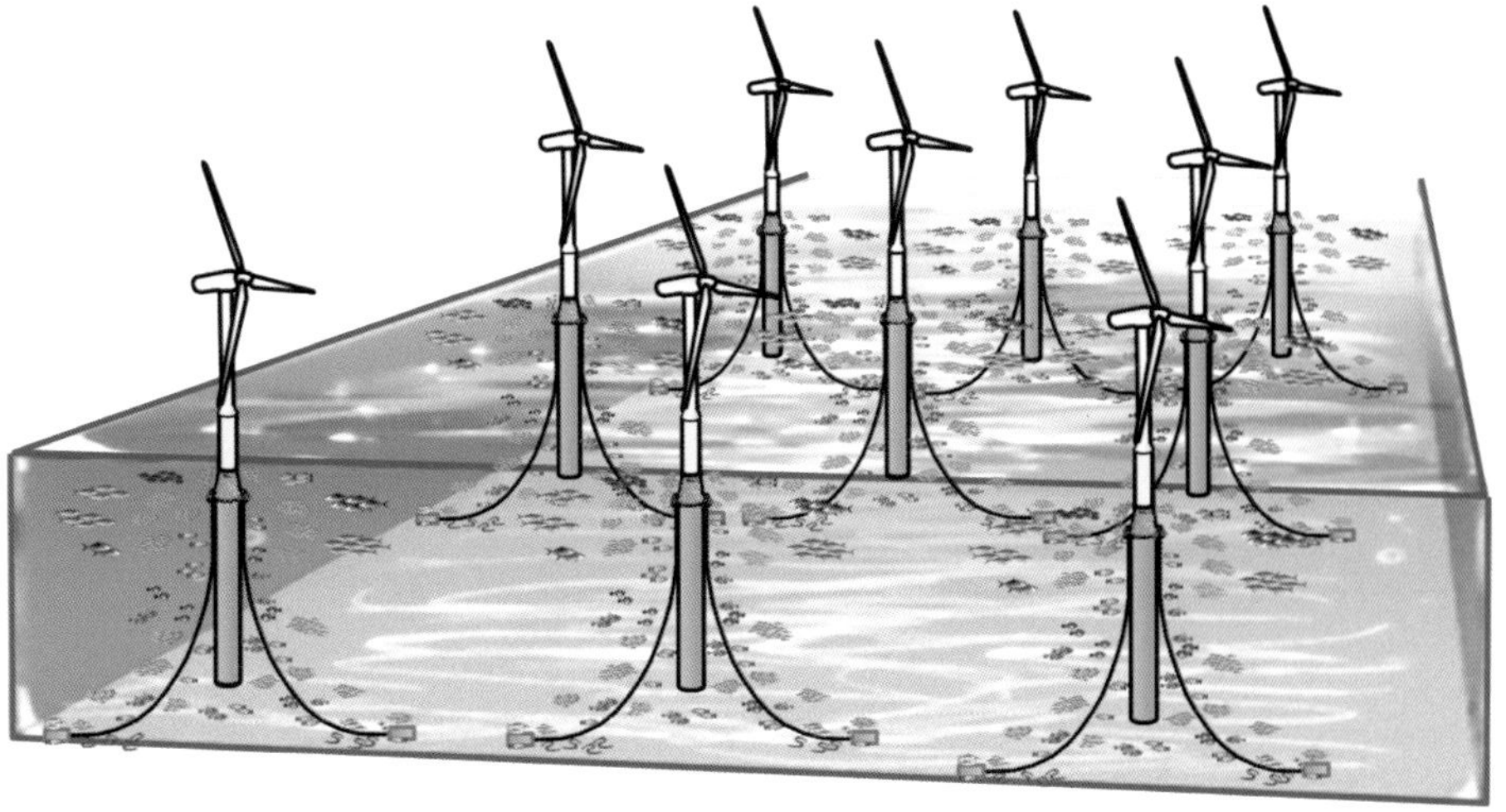

五島の浮体式洋上風力施設の調査から見えてきた可能性

出典：渋谷潜水工業

海洋エネルギー漁業共生センター理事

渋谷 正信氏

肖像 ～九州・沖縄

海の破壊者から守り人へ―。数々の大規模海洋工事に携わってきた潜水士、渋谷正信が今、長崎・五島の海に潜りまくっている。海に大規模構造物が出現する洋上風力発電や潮流発電と漁業が海の恵みをともに受けるにはどうすればよいか。事業者、漁師のどちらかの側に立つのではない。両者がともに利益が得られる海洋国家・日本の未来を、海の中から探り続ける。

海の恵み 電力も漁業も

7月末、渋谷は五島市奈留島の海にいた。日本初の大型潮流発電施設を設置する海底を調べるためだ。潮の流れが速く、潜れるのは小潮の数日だけ。68歳にしてバリバリの現役の渋谷。潜水時間は3万8000時間を超える。

本職は神奈川県平塚市に本社を置く渋谷潜水工業の社長だが、昨年3月に五島市に一般社団法人、海洋エネルギー漁業共生センターを設立し、理事として月の半分は長崎にいる。海の生態系と海洋構造物が共生するための技術開発や人材育成を進めている。そこには強烈な後悔がある。

しぶや・まさのぶ 1949年（昭24年）北海道生まれ。75年海洋開発技術学校卒。80年渋谷潜水工業設立、社長。大規模海洋開発のほか、阪神・淡路・東日本大震災の復旧工事にも従事。2016年、海洋エネルギー漁業共生センター設立、理事。代表理事は長崎の鈴谷宰生氏。

磯を破壊し架橋 潜水で支え悩む

北海道から東京の電機メーカーに就職した若き渋谷は、休暇に連れられた海でダイビングに目覚める。5年目に会社をやめ、プロダイバーの養成機関に入学。卒業後数年で独立し、渋谷潜水を設立した。

30代は伊豆七島の港湾工事。「どこに発破をかければいいか一目でわかった」。「磯を壊す名人だった」渋谷は、本四連絡架橋や横浜のベイブリッジなど大規模工事に相次ぎ参加。「もうけることしか考えなかった」

しかし昭和末期に環境破壊が問題になり、自らの仕事に迷いが出る。「このままでいいのか」と自問していた1990年、東京湾横断道路の人工島のくいに、クロダイがたくさん群れているのを目にした。「海洋構造物と漁業は共生できるのではないか」

構造物を魚礁に 洋上風車で推進

それから8年、渋谷は仕事とは別に全国を巡って回った。冒険者と揶揄われ、漁協から相手にされなくても通い続けた。魚には素人だったが、魚のすみかの藻場がなくなる深刻な磯焼けが全国に広がっていることを知る。98年、神戸の国際的なシンポジウムで海洋構造物の魚礁効果を発表すると世界的反響を呼んだ。

長崎の海洋エネに関わりだしたのは6年ほど前。地元で藻場の再生に取り組んでいた渋谷を、関係者が県に紹介した。戸田建設が五島市椛島沖に浮体式洋上風車を設置した際には、漁業資源への影響調査を渋谷が請け負った。

風車の海中部は水深100㍍と深く、潜水士だけでは長時間潜れず効率が悪い。遠隔操作できる無人潜水機や魚群探知機を駆使して調査すると、海中構造部や係留チェーンにタイや伊勢エビなどがすみ着いていた。崎山沖に移設して営業運転を始めた前後でも漁獲効果を確認した。

渋谷は、魚の産卵場所になる藻場の再生が必要と力説する。現状維持の環境保護ではなく、マグロなどを頂点とする海洋生態系のピラミッドの底辺に位置する藻場を復活させないと、海の真の再生につながらないと考えるからだ。

五島では、海洋エネと漁業の協調が比較的うまくいっているという。ただ、洋上風力も潮流発電も緒に就いたばかり。「先頭を走る五島は絶対に失敗できない」と責任感は強い。西海市など海洋エネの計画がある他地域でも「新しいことに前向きにチャレンジすれば技術も人も資金も集まる」と両者を取り持つ。

海洋エネ関連の人材不足を懸念する渋谷は「郷土愛を持ってやる若い人を育てる」と五島に拠点を築いた。80㌔の潜水具をものともせず、「残りの人生は海洋エネと漁業の共生のために生きる」。もう迷いはない。＝文中敬称略

長崎支局長 三浦義和

写真 塩山賢

日本経済新聞（2017年9月2日）

五島の浮体式洋上風力施設の調査から見えてきた可能性
出典：(一社) 海洋エネルギー漁業共生センター

[コラム]

04

地球環境を大切にする海洋の人材育成

これからの地球上の動向を推測すると、CO_2削減の洋上風力や海洋エネルギーはじめ海の空間を活用するプロジェクトは広がりを見せると予測されます。

その地球環境デザインを構築、運営する海プロジェクトを実現させるには、必ず人材が必要です。今までの海洋の仕事に携わる人々を、私も含めて見直すと、海の仕事を行うための技術や知識が先行して、人材の意識がどうであったら良いのかが、なおざりにされているように思います。

これからは、「海の恵みに感謝する」という父母をいたわるような視点から海のプロジェクトに取り組む人材育成が必要かと思います。同時に、善きロボットも開発して、我々人間と共に地球が喜ぶ海プロジェクトを進めることができればと思っています。

洋上風力発電はある意味、地球環境デザインの良きモデルになる使命があるようです。洋上風力など地球環境問題に後れをとった日本は、国策として思い切ったブレイクスルー（現状突破）が必要な時期にきているのかもしれません。

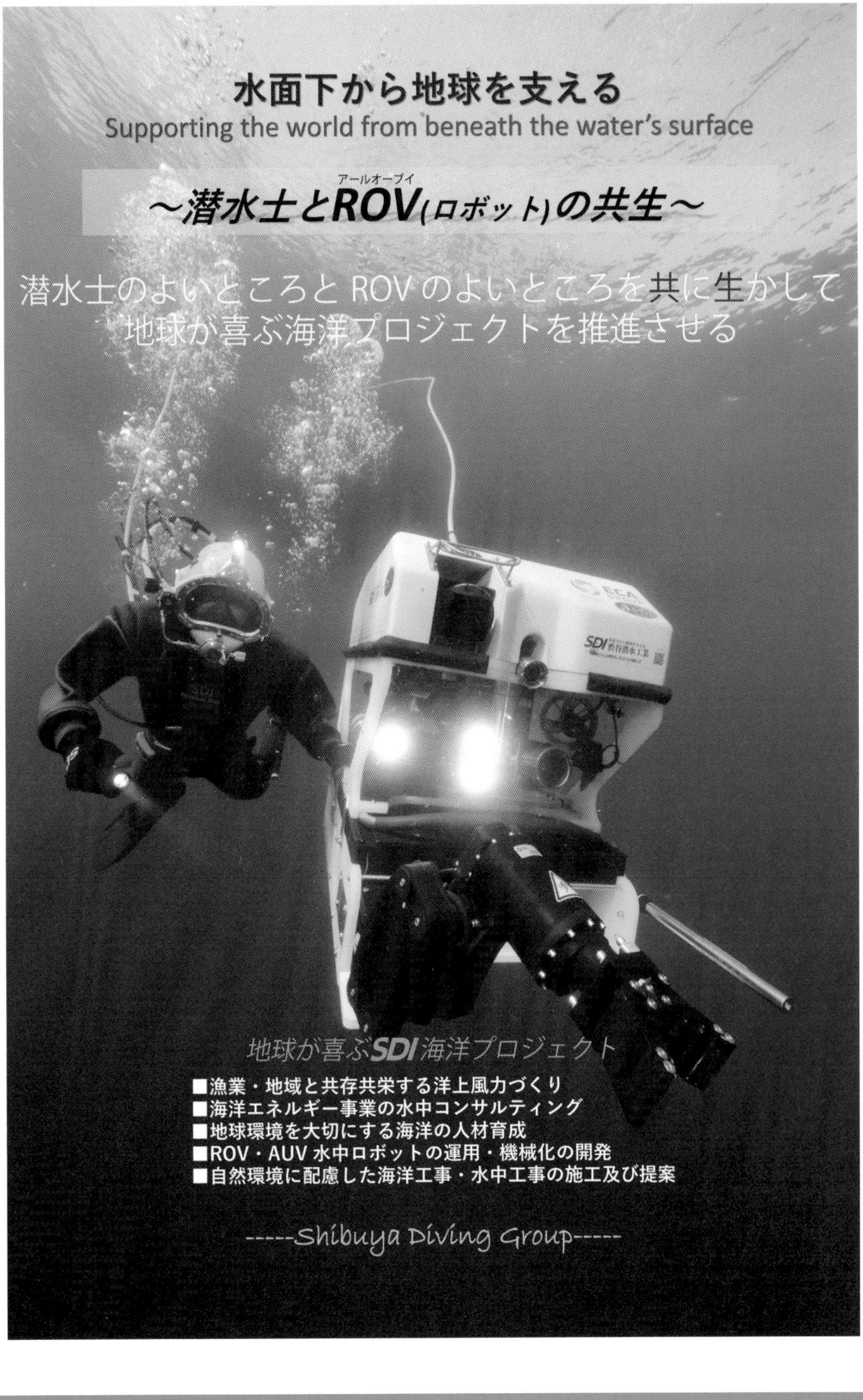
水面下から地球を支える
Supporting the world from beneath the water's surface
～潜水士とROV《アールオーブイ》(ロボット)の共生～
潜水士のよいところとROVのよいところを共に生かして
地球が喜ぶ海洋プロジェクトを推進させる
SDI 渋谷潜水工業
地球が喜ぶSDI海洋プロジェクト
■漁業・地域と共存共栄する洋上風力づくり
■海洋エネルギー事業の水中コンサルティング
■地球環境を大切にする海洋の人材育成
■ROV・AUV水中ロボットの運用・機械化の開発
■自然環境に配慮した海洋工事・水中工事の施工及び提案
-----Shibuya Diving Group-----

第七章

地球が喜ぶ洋上風力発電を目指して

人間の都合ばかりを優先した開発や漁業はやめよう

第二章では、私が海の破壊者だったことを、反省を込めてお話ししましたが、破壊者になってしまった原因は「自分の都合を最優先して海の開発をしてきた」ことにあると思っています。残念なことに、私だけでなく多くの人が「自分都合」「人間都合」で動いているのが現実かもしれません。

港や海上空港、人工島をつくるときには、人間にとって不都合なことが起こらないことを第一に考えて、潮の流れを堰き止めてしまいます。潮の流れは海の生き物が生きるために必要な栄養素を運んできます。海中の酸素の量を増やし生き物たちを元気にします。

それを止めてしまうのですから、人工物ができることで食物連鎖の底辺にいる海藻や植物プランクトンがいなくなってしまい、植物プランクトンがいなくなれば小型魚もいなくなり、中型魚、大型魚も姿を消します。潮の流れと海の生き物の側からどうすれば良いのかの研究と技

五島の
洋上風力・潮流発電の
プロジェクトでみえてきたことは

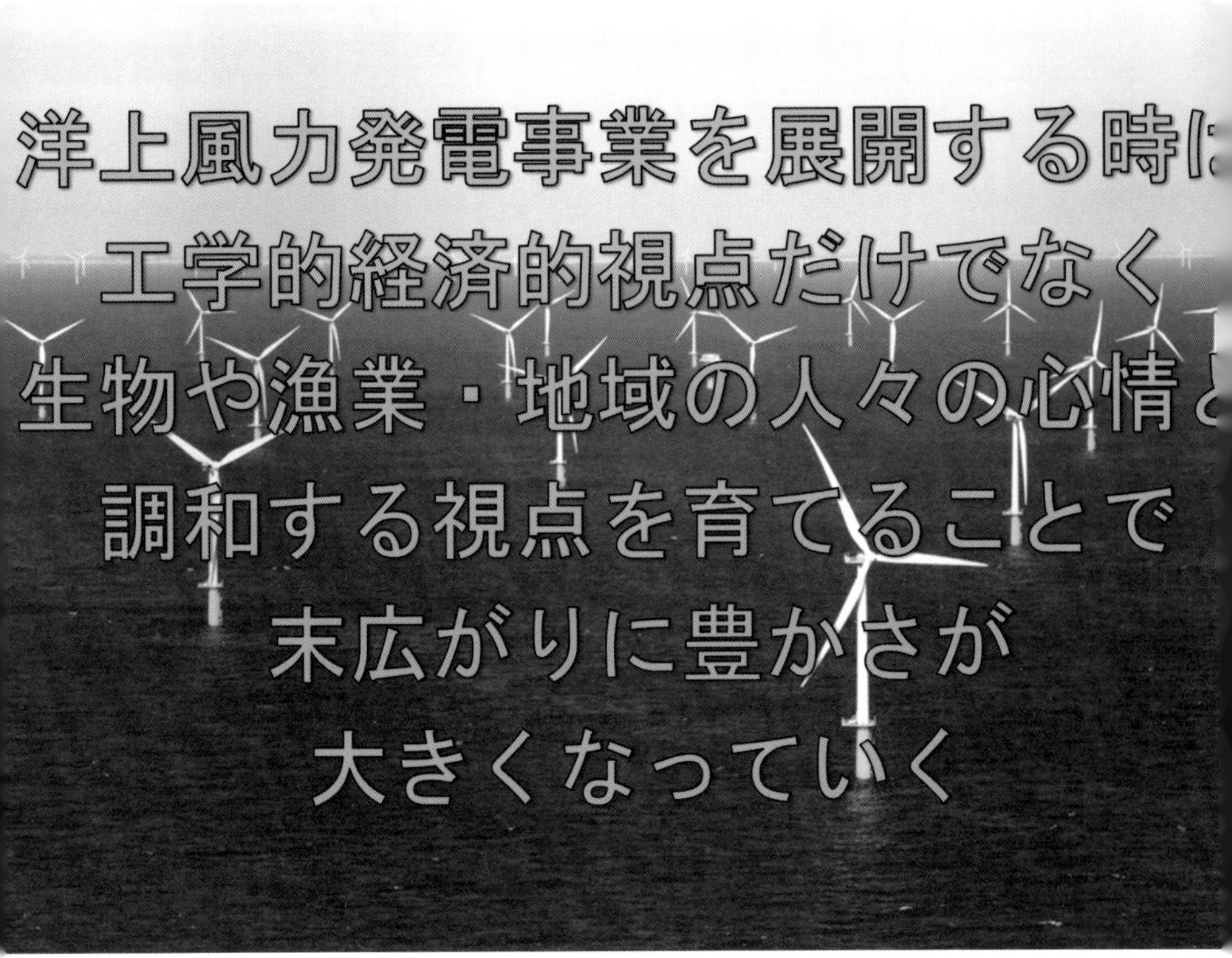
洋上風力発電事業を展開する時
工学的経済的視点だけでなく
生物や漁業・地域の人々の心情
調和する視点を育てることで
末広がりに豊かさが
大きくなっていく

旧 今までの海洋開発	新 これからの海洋開発
◎海を人間の都合だけで開発	◎海の自然生態系と調和する
◎技術一辺倒	◎漁業と協調・共生する
◎海を征服	

術開発が必要なことがわかります。

漁業者の方たちも漁のやり方を考える必要があります。日本の漁業は、獲れるだけ獲るというやり方できました。日本の近海にはたくさんの魚がいましたから、最初のうちは乱獲しても目に見えて魚の量が減ることはありませんでした。

しかし目先のことだけ考えて将来のことを考えずに魚を獲り続けたので、魚が減少し漁業衰退の原因になったのだと思います。温暖化のせいで海が変化したので魚が獲れなくなったとも言えますが、人間本位の考え方で魚を獲ってきたことが、漁業の衰退の一因になっているようです。それが今の日本の海の状態です。

イギリスのオークニー諸島のように漁業者の方自らが自主規制をして、未来を見据えた漁業にする必要があります。また、天然の魚が獲れなくなってきているので魚の養殖が広がっていますが、このやり方も海の汚染と隣り合わせです。養殖はすばらしい技術ですから、自分たちの都合だけではなく、海の環境のことを考えた養殖を真剣に取り組む必要があります。

イギリスのオークニー島の漁業者の方から聞いたのですが、ノルウェーのサーモン養殖が

養殖漁業も周辺の海環境や生態系を配慮することで持続可能な養殖が可能に

資料出典：一般社団法人全国海水養殖協会
熊本県海水養殖漁業協同組合

オークニー島でも行われるようになっていました。その養殖が天然のホタテやカニ、サーモンなどに影響がないか心配していました。養殖でノルウェーの海が汚されてきたので隣のオークニーに来たのだと嘆いていたことを思い出します。良い養殖でも度が過ぎると害になることを我々は学ぶ必要があるようです。

海の環境が悪くなれば魚が獲れなくなります。それればかりではなく、海の状態は地球環境とも直結していて、災害や気候変動ともかかわってきます。多くの生物の絶滅にもつながり、地球全体の生態系のバランスが崩れます。

結果的に、私たち人間の生活のみならず、生命を脅かすことにもなりかねません。海を大切にすることは、自分の身を守ることにもなるのです。

私たちは地球のものを使わせてもらっている

今、日本では政府も産業界も「脱炭素社会」を目指しています。そのひとつの切り札とも言える存在が洋上風力発電です。洋上風力発電は、石炭や石油のようにCO_2を大量に発生させることなく、原子力のような危険性もない理想的なエネルギー源です。将来のエネルギーは洋上風力発電はじめ再生可能エネルギーが中心になる可能性があります。

私が洋上風力発電にこれほど夢中になるのは、エネルギーと同時に海の環境を回復させる可能性が非常に高いことがわかったからです。

しかし、従来の人間の都合一辺倒のすすめ方では、洋上風力発電と言えども自然環境に負担をかけることになり、その結果、海が砂漠化して漁業がさらに衰退し、地域は疲弊してしまう恐れがあります。

洋上では風車が悠々と回っていても、陸上では疲れた人たちがため息をついているということでは意味がありません。

洋上風力発電を建設するに当たっては、人間の都合だけでなく海の生物や生物資源の命を守る政策やテクノロジー、漁業のあり方が求められます。

私たちは、地球のものを使わせてもらっていることを、もう一度見直さないといけないと思います。水も空気も、木も鉱物もすべて地球のものです。それを人間たちは自分の都合だけで好き勝手に使ってきました。

石炭がいいとなれば大地を崩し、次のターゲットは石油になって、さらにウランへと移りました。山を崩し、トンネルを作りました。川や海や大気を汚しても平気でした。

私たちの生活は便利になりましたが、その裏でどれだけ地球を痛めつけてきたのか。そろそろ、そのことに気づかないといけないのではないでしょうか。

地球にしてもらったことに感謝する

私たちは地球上で生きています。大きすぎてなかなかとらえがたい感覚ですが、間違いなく地球上にいるはずです。

第二章で述べたように、私は「内観」によって人生が変わりました。今まで見えなかったこと、もしくは気が付かなかったことに気付くようになったのです。視野が広がったということになります。内観とは、幼いころからの両親との関係について、「お世話になったこと」「お返しをしたこと」「迷惑をかけたこと」を思い出す一種の瞑想法です。

ヨーロッパの洋上風力施設群
資料提供：bbc.com

海藻の森　アラメの群落

内観をすることで心の底から感謝の気持ちが湧き上がってきて、弟の死、会社の幹部の裏切り、会社の業績の悪化などでどん底にいた私を救ってくれました。

父や母への内観と同じように地球にしてもらったことを考えてみると、今、生きていること自体、地球のおかげです。空気がある、太陽が昇る、食べ物があり食事ができる。水が飲める。子供のたわごとのように聞こえるかもしれませんが、当たり前のように至極自然に私に与えられているものです。そのような地球や海からの当たり前のことに感謝できるようになったら、海への取り組み方が善くなりアイデアが出るようになったのです。

風力発電も風が吹かなければ役に立ちません。風はだれがつくっているのでしょうか。人間がつくるものではありません。地球が風を吹かせてくれているのです。風も地球の恵みです。

地球あっての私たちです。海は命の源です。このふたつの恵みにどのような形で感謝を現わすかが大切です。

洋上風力発電を経済効果だけで評価するのではなく、地球規模の大きな視点で進めていけることを心から願っています。

June 15, 2010
the Walney 1 O
15 kilom
Walney Is
tion of the
the Walney 1
nd turbines
as at Walney 2,
ヨーロッパの洋上風力施設群
資料提供：OFFSHORE Wind Energy

光を浴びる海藻

洋上風力発電をつくるには事前調査とコミュニケーションが重要

ヨーロッパの洋上風力発電から大きく遅れた日本の洋上風力発電事業ですが、二〇二〇年に入って、洋上風力発電の促進地域が選定されつつあります。

そのひとつに秋田県の由利本荘沖があります。

秋田県の漁業は決して豊かではありません。かつてはハタハタがたくさん獲れましたが、今は一〇年前の一〇分の一の漁獲量です。

由利本荘沖に洋上風力発電を建てるに当たって、アドバイスを求められましたが、一貫して言ってきたのは事前調査をしっかりとしないといけないということでした。

海には個性があります。どういった魚たちがいるのか、食物連鎖のバランスはどうか、潮の流れの方向やスピードは、磯焼けがどれくらい進んでいるのかなどを知る必要があります。

海のことばかりではなく、漁業者の方の思いを知るための聞き取り調査も大事です。調査に協力してもらえるためのコミュニケーションも不可欠です。

こうした調査のためには時間も手間もかかりますが、海の環境のことを考えれば、事前の実態調査をおざなりにはできません。

こうした考え方に対して「面倒くさいな」と及び腰になる企業もありますが、賛成してくれた電気事業主もあります。そのひとつが株式会社レノバという東京の企業です。

洋上風力発電を行うならその海域の実態調査を事前に行うことが大切、と説明する私の話に真剣に耳を傾けてくれた会社です。洋上風力発電づくりをきっかけに、洋上風力を建てる海域を豊かな漁場にしようと本気で考えてくれたのです。公募入札があるので、まだ事業者として参画できるかどうか不透明なのですが、実態調査に乗り出してくれたのです。日本の企業も捨てたものではない、と私は感動しています。

事業者も漁業者の方も地域の方も行政も、洋上風力発電にかかわるすべての組織や人が、海の環境にプラスになるような洋上風力発電をつくることで、地球を喜ばせることになるのではないでしょうか。漁業者の方が反対するから進まないと愚痴を言う電力事業者の方もいますが、そのような後ろ向きの姿勢ではなく、漁業者の方には漁業者の言い分があります。

それを無視したり、お金で黙らそうとするのではなく、とことん話し合うことが大切です。

漁業者の方にとっては切実な問題である海の環境や漁獲量がどうなるかを、説得力のあるデータと計画を用意して話すことが重要です。そういう手間を惜しまない企業に日本の洋上風力発電をやってもらいたいと思います。

海域全体のバランスを調えるスーパーハーモニーデザイン

長崎の五島では、洋上風力発電と周辺海域全体の生態系を考慮した漁業資源環境デザインが構築されつつあります。

洋上風力発電の周囲の海がどんなふうになるのか、一三〇～一三一ページでイメージ図を描いてみました。

風車の提体にはソフトコーラルが繁茂し、小魚が育ち、そして大きな魚たちが群れています。

沖合から沿岸を見ると磯には藻場が広がり、たくさんの小魚が集まってきています。食物連鎖のバランスがとれた豊かな海です。

これはイメージではありますが、実際に一基の風車が稼働したことで海が大きく変化した現実をもとに描いたものですから、決して絵空事ではなく、非常に実現性の高いものになります。

風車を建てるのを機に海域全体の漁業資源環境のバランスを調えるため、関係する人たちが意見を出し合い、議論を重ねて、作り上げたデザイン（スーパーハーモニーデザイン）です。

自然の漁礁も視野に入れながらその海域に、人工魚礁を有効と思われる場所に置き、魚たちが棲みやすい環境をデザインしていきます。沿岸部にはひじきなどが育ちやすいような整備を、さらには、他の有用海藻が育つデザインも手掛けるようになっています。

可能性はどんどん広がります。魚がたくさんいる海域になりますので、釣りやダイビングといったレジャーにも適するかもしれません。

日本発の技術と哲学《ポリシー》（海の恵みに感謝）を世界に広げることができたら

漁業との共存や海の環境を回復させることまで視野に入れた洋上風力発電づくりは、私の知る限りでは日本でしか行われていません。

洋上風力発電はエネルギー問題だけではなく、漁業や地域の活性化、海の環境のことまで解決するスーパースターだと確信しています。これは日本発の技術であり「海の恵みに感謝する」という哲学《ポリシー》として世界に広げることができたら、どんなにかすばらしいことでしょう。

「福島であんな大変な事故を起こしながら、まだ再稼働を考えている」と世界から笑われる日本ではなくて、「地球のことをここまで考えながら洋上風力を通して生活を豊かにしていこうと考えている国民はいない」と尊敬される日本になってほしいと思います。

出典：(一社) 海洋エネルギー漁業共生センター

それが次の世代、さらにはその先の子孫のために、今の大人たちができることではないでしょうか。

地球全体で持続可能な環境と社会を作り上げていくことが、これから大きなテーマです。その先陣を、私たちは切ることができるのです。

もっと自信をもって海の生き物たちや海で生業を営む方々と一緒になって、地球に喜んでもらえる洋上風力発電づくりを、日本の海から発信していければと思っています。

［コラム］

05

SDGsを達成するために

SDGs（Sustainabl Development Goals）は、国際社会が持続可能な社会を目指す上で実現すべき17の開発目標のことです。二〇一五年に国連サミットで採択され、二〇三〇年を目標期限としてSDGs達成へと世界が動いています。

17項目を並べてみます。

1. 貧困をなくす
2. 飢餓をゼロに
3. 健康と福祉を全ての人に
4. 質の高い教育を全ての人に
5. ジェンダー平等の実現
6. 安全な水とトイレをどこでも
7. エネルギーをすべての人に

8. 経済成長と働きがいの両立
9. 産業と技術革新の基礎作り
10. 不平等の是正
11. 住み続けられる街づくり
12. 生産と消費の責任
13. 気候変動への対策
14. 豊かな海を守る
15. 豊かな陸を守る
16. 平和と公正の実現
17. パートナーシップによる目標の実現

資本主義の中心的な役割を果たしてきた企業は、経済的な繁栄を目指して発展してきました。しかし、そのひずみが所得格差や環境破壊につながり、暴動が起こったり異常気象によって大きな損害、被害が発生しています。経済だけを求めていては、人は幸せになれないことがはっきりとしてきたのです。

企業は経済的価値のみならず、社会的、さらには環境的な価値を生み出さないと高い評価を受けられなくなってきました。

企業にとってSDGsは無視できません。企業ばかりではありません。国もそちらに舵をとらないといけない時代になりました。特にエネルギー問題は早急に進めないといけない課題です。

二〇二〇年一〇月一四日の日本経済新聞朝刊の一面に、

《再生エネ「主力電源に」

洋上風力発電、原発10基分》

という記事が出ました。梶山弘志経済産業大臣が「これまで国内で普及していない洋上風力発電を全国に整備する」と発言したのです。

今の日本のエネルギー政策は火力発電の比率が高いのが特徴です。七割以上を火力に頼っています。しかし、ご承知のように火力はたくさんのCO_2を排出します。〝脱炭素〟という今の世界の潮流に逆行する流れです。海外からの批判も出ています。

原子力はどうか。安全性や核廃棄物の処分の問題で、世論の理解が得られなくなっています。そうなると再生可能エネルギーの比率を上げるしかありません。その中でも、非常に広い海を持つという日本の国土の特徴からすれば、洋上風力発電が最有力になるのは当然と言えます。

私は海面下の部分に注目して、洋上風力発電はやり方によっては海の環境を良くして漁業と共存できると提唱しています。

ＳＤＧｓの各項目を見直して下さい。単に風車を建てるだけの洋上風力発電と比べてみると、エネルギー問題の解決だけでなく、「豊かな海を守る」というのはまさにその通りだし、地域や漁業を豊かにすれば、「貧困をなくす」「経済成長と働きがいの両立」「住み続けられる街づくり」にもつながってきます。

海面下をただの風車を支える構造物と見るのと、海の環境を良くする切り札と考えるのとでは、ＳＤＧｓ実現に向けての速度は、何倍も違ってきます。

どうせ風車をつくるなら、海面下まで考えて設計するほうがはるかに効率的だし、地球のためになると思うのですが、いかがでしょうか。

今、日本の海は洋上風力発電をつくろうとしている企業の陣取り合戦の様相を呈しています。せっかくＳＤＧｓという基準があるのですから、企業の利益ばかりではなく、地球のことを考えて戦略を立てて下さればと思っています。

出典：(一社) 海洋エネルギー漁業共生センター

おわりに

ここ数年、異常気象が頻繁に起きています。

「これまで経験したことのないような」テレビで何度、そんなフレーズが繰り返されたことか。大雨で川が氾濫して家が流されるのはたびたびのことです。夏の暑さには熱中症で身の危険を感じるほどであり、冬には大雪に見舞われて動きのとれなくなる地方もあります。季節外れの雹《ひょう》が降ったり、雨が降り続いて農作物が大きな被害を受けたこともありました。

確実に地球がおかしくなっています。

その原因は地球温暖化にあります。地球温暖化は私たちが快適な生活をするために排出してきたCO_2によるところが大きくて、地球温暖化をこれ以上進めないためには、私たちはCO_2を出さない生活へとシフトする必要があります。

CO_2を出さずにエネルギーをつくり出すことができる洋上風力発電は地球温暖化対策では大きな期待が持たれています。

しかし、洋上風力発電が広がっても、すぐに地球の温度は下がらないと思います。地球が健康を取り戻すには少し時間がかかるかもしれません。

だからと言って、手をこまねいているわけにはいきません。

温暖化対策のひとつとしては洋上風力発電を進めていきつつも、並行して洋上風力発電の海面下を魚や生物や海藻が喜ぶようなエコロジカルデザインにして、海の環境問題や漁業の問題そして地域の活性化などをより良くしていくことが大切だと思っています。

- 生物や自然環境に喜ばれる洋上風力の建て方とはどういうものなのか
- 魚や漁業者が喜ぶ洋上風力発電というのはどういうものなのか
- 地域の人々の心がやさしく感謝にあふれる洋上風力発電とはどういうものなのか

経済的価値で測れない要項かもしれませんが、これらが実現すると当初の経済効果の数一〇倍の効果を生むかもしれません。

「地域や漁業と共存共栄する洋上風力づくり」のエコロジカルデザインはまだまだ発展途上にありますが、実証・調査では確実に効果が出ています。目先の経済効果だけでなく、地球が喜ぶような経済効果を目指せればと思っています。

そのためにも洋上風力を建てる海域・地域の実態調査と実証による事実を踏まえた共存共栄の洋上風力の構築が必要です。

最後までお読みいただきありがとうございました。

本書を書き上げるに当たってはたくさんの方々にご協力いただきました。

特に、この世に私を送り出してくれた父母に、苦楽を共にしてきた妻・栄子さんに、長男幸生くん、次男・興士郎くんに、潜水の仕事を共にやってきた渋谷潜水工業の社員の皆さん、海洋エネルギー漁業共生センターの方々、内観や呼吸瞑想などを指導していただいた原久子先生とスタッフの方々、またセミナーの受講生の方々にも、その他ここでご紹介できませんでしたが、私の人生の折々でご縁のあった方々に、この場をお借りして心よりお礼申し上げます。

そして私を見守り育ててくれた地球の海や自然に深い感謝の意を表したいと思います。

ありがとうございます。

海の恵みに感謝　渋谷正信

［SDI　渋谷潜水グループ］

1. 株式会社　渋谷潜水工業
所在地：平塚・川崎・東京・五島・長崎
ＨＰ　：http://www.shibuya-diving.co.jp/

2. 一般社団法人　海洋エネルギー漁業共生センター
所在地：五島・平塚・長崎
ＨＰ　：http://www.sdi-marine-energy.com/

地域や漁業と共存共栄する
洋上風力発電づくり

2021年3月25日　初版発行

著　者　　渋 谷 正 信
発行者　　真船美保子
発行所　　KK ロングセラーズ
　　　　　東京都新宿区高田馬場 2-1-2　〒 169-0075
　　　　　電話 (03) 3204-5161(代)　振替 00120-7-145737
　　　　　http://www.kklong.co.jp

印刷・製本　　大日本印刷(株)

落丁・乱丁はお取替えいたします。
※定価はカバーに表示してあります。

ISBN978-4-8454-2473-3　C0030
Printed In Japan 2021